Dr. Hans-Dieter Willkomm

Auf Sauen in Sauen

Impressum

Herausgeber:
cw Nordwest Media Verlagsgesellschaft mbH • Am Lustgarten 1 • 23936 Grevesmühlen
Tel./Fax: 03881/2339 • info@nwm-verlag.de • www.nwm-verlag.de

Illustrationen: Henny-Wendla Kaiser
Autor: Hans-Dieter Willkomm
1. Auflage 2020

Gesamtherstellung:
cw Nordwest Media Verlag
Erscheint unter dem Label: FOX

ISBN: 978-3-946324-37-9

Hans-Dieter Willkomm

Auf Sauen in Sauen

Inhalt

Dieses Buch widme ich den Jägerinnen und Jägern
meiner ehemaligen Jagdgesellschaft Neubrück
im Bezirk Frankfurt Oder.
Sie hatten das Glück, gleich mir
in den mit Wild reich gesegneten Revieren
Neubrück, Ragow, Merz und Sauen
jagdliche Erfüllung gefunden zu haben.

Vorwort

Bevor es hieß: „Auf Sauen in Sauen“ lagen viele Jahre des Lernens und Studierens vor mir. Doch die Jagd begleitete mich schon, als ich noch in den Kinderschuhen steckte. Mein Vater war Förster und Berufsjäger. Nach dem Krieg erhielt er in seinem letzten Pachtrevier – es lag vor der Haustür – die Erlaubnis zur Raubwildjagd, und das hieß: Dachsgraben und Fuchssprengen mit Terrier und Teckel. Und ich durfte oftmals dabei sein. Diese Erlebnisse weckten in mir das jagdliche Element. Schon bald saß der jagdliche Stachel fest: ich wollte auch Jäger werden, und mit eigenem Hund Füchse sprengen und mit der Büchse Rehböcke jagen. Nährten doch die Erzählungen meines Vaters, wie es zur Erlegung der Rehböcke, deren Gehörne im Wohnzimmer hingen, den Wunsch, selbst Böcke mit solchen Gehörnen zu erlegen. Und dieser Wunsch erfüllte sich noch, bevor ich offiziell jagen durfte. Doch das steht auf einem anderen Blatt.
Während meines ersten Studiums legte ich die Jagdeignungsprüfung ab und jagte in der Nähe meines Studienortes am Saaler Bodden auf Niederwild und Schwarzwild. Mit offenen Armen wurde ich in die dortige Jagdgruppe aufgenommen. Als frischgebackener, nun offizieller Jungjäger konnte ich unbeschwert jagen. Und das nahm ich mit vollem Herzen wahr. Mein Vorteil: Ich konnte auf den reichen jagdpraktischen Erfahrungsschatz meines Vaters zurück greifen. Und hinzu kamen nun eigene praktische Erfahrungen.
Ein zweites Studium brachte es mit sich, dass ich mehrfach den Wohnort wechseln musste. Das hatte zur Folge, dass ich mehrere Jagdreviere in unterschiedlichen Landschaften kennen lernte. Und das gereichte zum Vorteil meiner jagdlichen Entwicklung. Auf diese Weise konnte ich viele jagdpraktische Erfahrungen sammeln, die so wichtig sind für erfolgreiches Jagen auf Nieder- wie auf Hochwild.
Über meine Tätigkeit an der Berliner Humboldt-Universität kam ich in Berührung mit dem bekannten Forstrevier Sauen, das bald mein neues Jagdrevier wurde, in dem ich über Jahrzehnte glücklich jagen konnte. Ich wurde ein erfolgreicher Jäger mit beachtlicher Strecke. Doch für mich galt stets beim Jagen auf Schalenwild: Gezielt Strecke machen – aber altersklassengerecht und artgerecht entsprechend den natürlichen Sozialstrukturen. Das Wild muss entsprechend seiner natürlichen Sozialstrukturen leben können. Diesen Grundsatz verteidigte ich stets vor blindem Naturschutz. Denn Jagd ist eines der großen Erlebnisse, die die Natur zu bieten hat. Bewusstes Jagen ist stets spannungsreiches Suchen und Erwarten von Wild und in diesem Sinn eine Bereicherung des Lebens. Es gilt, die Seele der Jagd zu pflegen – das sind die Augenblicke, die zu den schönsten und glücklichsten der Jagd gehören.
Die Jagd heute hat etwas mit geistigem Reichtum zu tun. Denn es kommt darauf an, wie man mit dem Geschenk seines Jägertums umgeht. Wie man die Landschaft mit ihren Stimmungen in das „Einssein mit der Natur“ mit einbezieht, wenn der Jäger ganz im Banne des Wildes steht.

Hans-Dieter Willkomm

Wie alles begann mit der Jagd

Zu Beginn meines ersten Studiums legte ich in Ribnitz-Damgarten meine Jagdeignungsprüfung ab. Einer der Prüfer, Revierförster auf dem Darß, fragte mich, wie ich zur Jagd gekommen sei, und wie ich die Ausbildung absolviert hätte. Ich berichtete, dass mein Vater Förster und Berufsjäger und mit dem Rotwild vertraut gewesen sei, und Erfahrungen in verschiedenen Revieren gesammelt hatte, und auch das Schneeberger Gatterrevier kannte.
So lag es nahe, bei den Wildarten und ihrer Bejagung mich auf Herz und Nieren zum Rotwild zu prüfen. Mit meinen Antworten auf seine Fragen war er zufrieden und nickte nur immer mit dem Kopf. Auch alle anderen Prüfer lobten meine Antworten auf ihre Fragen. Als neuer, junger Jäger wurde nun ich in die „Jägergruppe Damgarten" am Saaler Bodden aufgenommen. Zum Jagen wurde mir zunächst der Revierteil um die „ Steinorter" Försterei zugewiesen. Er umfasste das Pütnitzer Holz mit den umliegenden Feldern bis zum Boddendorf Langendamm. Als frisch gebackenem Jäger wurde mir der Leiter der „ Steinorter" Försterei zur Seite gegeben. Nach mehreren Reviergängen und gemeinsamen Ansitzen hatte er mich in sein Herz geschlossen und so gehörte ich schon bald zur Familie.
Als Jungjäger erhielt ich damals vom Verwalter des Waffenstützpunktes in Dechowshof eine 12er Flinte Suhler Herkunft in die Hand gedrückt, die ich ohne bürokratische Formalitäten behalten konnte, bis ein anderer, gewehrloser Jäger mal an einem Wochenende jagen wollte. Patronen, Schrote sowie Brennecke erhielt ich reichlich, musste sie sofort bezahlen und konnte sie behalten. So kam mit der Zeit bei mir im Schrank ein ansehnlicher Patronenvorrat zusammen. Es waren Schönebecker Schrotpatronen aller damals hergestellten Stärken in Papphülsen aller Farben.
Die Doppelflinte, die ich damals führte, klapperte leicht im Schloss. Schoss ich auf Enten beide Läufe ab, war das Schloss wieder fest, doch nur kurzfristig. Zum Glück verstand sich einer der Mitjäger auf die Reparatur kleinerer Schäden bei den dort stationierten Waffen.
Ich war froh darüber, denn die Reparatur eingeschickter Waffen in eine Reparaturwerkstatt hätte sehr lange gedauert. Jährliche Waffenüberprüfungen, wie sie später in den Staatlichen Forstwirtschaftsbetrieben stattfanden, gab es zu dieser Zeit nicht.
Besonders angetan hatte es mir die Steinwiese in der Nähe der Försterei, dort machten die Sauen und das Rehwild Halt, bevor sie ins Feld wechselten. Eine offene Kanzel war oft mein Ansitzplatz. Im Winter bei Schnee lockte ich dort mit der Hasenklage so manchen Fuchs vor die Flintenrohre.
Hinter der Ortslage Damgarten befand sich eine Laubenkolonie, der sich eine Ödlandfläche mit lockerem Strauchwuchs anschloss, bevor das bewirtschaftete Feld begann. Dieser Flecken war damals noch ein Dorado für Karnickel. Die alten Rammler und die Häsinnen hatten mit ihrem Nachwuchs ihre Baue zumeist in der Laubenkolonie; tagsüber zogen die Rammler gern eine Sasse im Ödland vor. Und das reizte mich, sie am späten Vormittag dort heraus zu treten und flüchtig mit 2 ½ Schrot zu beschießen. Ich freute mich, wenn sie auf den Schuss hin einen „Kopfstand" machten.

Mein Mitjäger, der selbsternannte „Waffen-Experte", begegnete mir oft nach der Morgenpirsch am Froschteich hinter dem Ödland, seine erste Frage: „Häwte wat schooten?"
In der Steinorter Försterei balgten und zerwirkten wir dann die kleine Strecke von zwei oder drei Lapuzen. Mitunter ging die kleine Suche auch leer aus. Aber allein schon das Suchen machte Freude. Die Förstersfrau zauberte aus Rücken und Keulen einen fabelhaften Sonntagsbraten, der mir viel besser schmeckte als das Mensa-Essen....

Mein Freund und Begleiter „Schlump", der Griffon

Der Leiter des Waffenstützpunktes in Dechowshof staatlicherseits auf Zuverlässigkeit geprüft führte einen Vorstehhund, einen Griffon schweren Schlags, ein Vollgebrauchshund, wie sich herausstellen sollte. Sein Name war „Schlump", er war führig und verkörperte die personifizierte Ruhe. Für mich war er das Idealbild eines Vorstehhundes. Wir Beide waren sogleich „ein Herz und eine Seele". Der Verwalter des Jagdwaffenstützpunktes, zwar Jäger, doch wenig aktiv, vertraute mir gern seinen abgeführten Hund an, der sonst im Zwinger verlag. Er selbst brachte wenig Zeit für ihn auf und war froh, als ich mich anbot, „Schlump" in meine Obhut zu nehmen.
Schlump brachte mich auf Rebhühner zu Schuss, er verwies mir diesen und jenen Buschhasen und suchte Schalenwild nach, dass es eine Lust war, mit ihm zu arbeiten.
Keine Frage, dass es mich am Saaler Bodden reizte, auch auf Enten und Gänse zu jagen. Von der Boddenkante aus, auf der großen Boddenwiese am Rohrplan beobachtete ich den Zug der Enten und Gänse zu allen Jahreszeiten. Was mich besonders reizte – den Schilfgürtel vom Nachbarort Langendamm bis hinter die Adlerkiefer mit dem Kahn abzufahren.
Zur Entenzeit lieh ich mir von einem Fischer aus dem Boddendorf Langendamm einen Ruderkahn, um mit einem Studienfreund – auch er ein Jungjäger – am Boddenufer auf Enten zu jagen. So fuhren wir an ruhigen Herbsttagen von Langendamm aus am Schilfgürtel entlang bis zur Adlerkiefer. Mit meinem 12er Rohr machte ich Dampf auf die aufsteigenden Enten.
Der in meine Hände gegebene Vorstehhund Schlump stöberte sie im Schilfwasser auf. Es gab Stellen, da brachte der Hund mir ein Schof nach dem anderen vor die Flinte.
Wenn auch manchmal dabei mehrere Schüsse ins Leere gingen, so klatschten doch bei jeder Bootsfahrt einige der Breitschnäbel ins Wasser – Schlump brachte sie mir prompt an den Bootsrand und übergab sie mir brav. Oft hatten wir dann sechs bis acht Enten im Boot. – Schöne kleine Jagden waren das!
Doch einmal war beim abendlichen Enteneinfall an einem Feldtümpel die Apportierfreude von Schlump erschöpft – und diese Jagd endete geradezu kurios. Doch das ist eine Extra-Geschichte.

Entenapport

Über eine Entenjagd-Episode lächle ich noch heute. An jenem Tag begleitete mich Schlump auf Rehansitz. Um das bereits im Feld äsende Rehwild nicht zu stören, machten wir einen großen Umweg zum Ansitzplatz bei den Apostelsteinen. Dabei kamen wir an einem größeren, verschilften, aber noch Wasser führenden Feldtümpel vorüber. Plötzlich zog Schlump an, blieb mit vorgestrecktem Kopf in Vorstehhaltung stehen, und ehe ich sein Verhalten richtig deuten konnte, kam Leben in das Wasserloch: mit Schwingenschlagen, Plantschen und Gequak erhob sich ein Schoof Enten nach dem anderen und verschwand klingelnd am frühen Abendhimmel. Ich wusste: „sie kommen allesamt wieder zurück…", lächelte Schlump zu und strich ihm über den Kopf: „Morgen gibt's Arbeit für dich!"… Den Rehansitz an jenem Abend verträumten wir. Das Entenvolk an dem Feldtümpel fesselte meinen jagdlichen Sinn.
Zur rechten Zeit machten wir uns also am nächsten Tag zu diesem Feldwasserloch auf den Weg. Im Dämmerlicht waren wir am Ort des Geschehens und machten uns einen Platz zurecht mit Blick auf den noch hellen Westhimmel. Kaum waren wir so richtig „sesshaft" geworden, umkreisten uns schon zwei „Kundschafter", zogen immer tiefere Kreise, rauschten schließlich auf das Wasser und quakten – was bedeutete: „alles in Ordnung!" – und sie stiegen wieder auf. Meine Patronen lagen griffbereit, denn der Anflug der Enten musste nun gleich beginnen. Und da kam das Schof bereits angeklingelt. Die Ersten rauschten über uns hinweg und kreisten mehrmals. Ich ließ sie unbeschossen einfallen. Das zweite Schof bekam dann den Entenschrot zu spüren – es war ein Fortstreichen und Einfallen – und ich schoss, bis mein Patronenvorrat aufgebraucht war.
Jetzt kam die Reihe an Schlump: mit „Bring! Apport!" schickte ich ihn los: gleichmäßig suchte er den Uferbereich und das angrenzende Feld ab und brachte mir Ente auf Ente – doch er war wohl schon müde und gab mir schließlich zu verstehen: „Genug für heute!" Darauf meine Reaktion: „Aber Schlump! Die auf dem Wasser und die im Schilfrand gehören auch noch dazu! Bring sie mir!" Schlump äugte mich nur an, tappte auf meinen Wink hin am Schilfrand kurz ins Wasser, machte aber sofort kehrt. Nachdem ich ein Weilchen mit ihm energische Zwiesprache gehalten hatte, wurde mir klar: nun musste ich selbst Schlumps Apportieraufgabe übernehme. Es war nicht die angenehmste angesichts der herbstlich kalten Lehmbrühe – da begriff ich seine Abneigung. „Also wasserfertig gemacht…"sprach ich zu mir, packte Stiefel, Strümpfe und Hosen beiseite und tastete mich vorsichtig auf die beiden im Wasser liegenden „Punkte" zu. Als meine rechte Hand die erste Ente gefasst hatte, hielt ich sie hoch und rief Schlump zu: „Bring Apport!" Doch er sprang daraufhin nicht etwa ins Wasser – nein er nahm eine seiner gesuchten Enten in den Fang und trabte damit am Tümpelrand auf und ab, als wollte er sich bei mir entschuldigen und sagen: „ich mache doch alles für dich – doch heute stehe ich mit dem kalten Wasser auf Kriegsfuß!" Trotz eiskalter unterer Körperhälfte musste ich über den schlauen Schlump lächeln…
Nachdem ich mit fünf eingesammelten Enten wieder auf festem Grund stand, mich notdürftig mit den Strümpfen… abgetrocknet hatte und wieder fest in den Gummistiefeln stand,

schnürte ich die ausgezogenen Enten auf den Rucksack und sprach zu meinem Hund: „Jetzt geht's nach Hause in den Zwinger!“ Dagegen hatte er nun nichts einzuwenden...
Obwohl inzwischen Nebel das Land überzogen hatte, dass man nicht die Hand vor den Augen sehen konnte, trabten wir los, liefen aber mehrmals im Kreis, ehe wir den Weg in Richtung Dechowshof gefunden hatten.
Der Jagdwaffen-Stützpunkt-Leiter freute sich natürlich sehr über diesen „Entensegen“. Wenn ich den Hund wieder zu ihm zurück brachte, wärmten wir uns stets beim Erzählen dieser Geschichten erst einmal kräftig bei heißem Tee auf.
Ganz anders dagegen der Gänseapport von Schlump! Begann im Herbst der Gänsezug, hatte ich bald herausgefunden, wie abends ihre Flugruten vom Bodden ins Feld verliefen.
Bei „Gänsewetter“ – das heißt also bei dichtem Nebel – brauchte ich nur einige Schritte hinter dem „Froschteich“ ins Feld in Richtung Dechowshof zu gehen, um den Anflug abzuwarten. Die ersten Schofe ließ ich durch, auf die folgenden machte ich Dampf. Die tief anfliegenden Gänse waren noch gut zu erkennen und boten ein gutes Ziel – mit dumpfem Aufschlag fielen die Getroffenen zu Boden – und Schlump apportierte sie brav. Meine Mutter freute sich später sehr über den guten Braten!

Streifen auf Rebhühner

Auch Rebhühner gab es in der ortsnahen Feldflur – sie bejagten wir sparsam. Als junger Jäger brannte ich darauf, Bekanntschaft mit den Hühner-Jägern zu machen. Nur eine Suche hatte mir der Jagdleiter – der von den Rebhühnern in diesem Revierteil wusste – zugestanden.
Er wusste, in den Feldern vor dem Bodden lagen mehrer Völker. Doch Rebhühner soll man nicht durch fortwährendes Suchen stören! Zwei Suchen pro Woche genügen vollauf. So sprach er zu mir: „Die erste mache du allein – die zweite Suche gehört uns Beiden!“ Also auf zu den Rebhühnern – Schlump an meiner Seite und das 12er Rohr über meiner Schulter.
Auf staubigen Wegen steuerte ich den ersten Waldstreifen an, der das Land vor den strengen Küstenwinden schützen sollte. Von dort aus wollte ich meinen Plan für die Hühnersuche in die Tat umsetzen. Schlump war die Ruhe selbst. Wir waren eins geworden auf Enten, Gänse und Hasen, und die „Schweißarbeit“ wurde mit ihm nicht zur „Schwitzarbeit“. Nun sollte sich unsere Freundschaft an den Rebhühnern beweisen. Der Rübenschlag, den wir uns zuerst vornahmen, war – gemessen an den heutigen Flächen – eher klein zu nennen.
Also schickte ich Schlump los, ging ein paar Schritte nach und blieb stehen, während mein struppiger Freund bedächtig auf und ab spürte. Dann zog er weiter hinaus, und ich überlegte: soll ich stehen bleiben oder ihm folgen? Ich entschied mich für das erstere – wollte den Hund

beobachten und gegebenenfalls zurück rufen. Doch plötzlich verhoffte er – machte sich lang, zog noch ein paar Längen vor, stand dann stockstill und äugte zu mir zurück. Das war seine Aufforderung zu ihm kommen. Mit raschen Schritten – die Doppelflinte in den Händen – näherte ich mich dem Hund und ging vorsichtig an ihm vorüber – Schritt für Schritt – kaum wagte ich zu atmen – da stiebten die Hühner lärmend hoch! Ich war mehr der Spannung verfallen, als dass ich hätte reagieren können!

Meine, den beiden nachstreichenden Hühnern hingeworfenen Schüsse gingen ins Leere, Schlump indessen kam ohne Aufforderung zu mir und stupste mich mit der Nase, als ob er mir bedeuten wollte: „ist doch nicht so schlimm, es gibt ja noch mehr Hühner!"

Rechts von uns, am Rand des Feldes zur Stoppel waren die Hühner eingefallen. Hier gestaltete sich die Sache etwas schwieriger. Doch ich dachte: umso besser – und schickte Schlump in Richtung Hühner. Als er sie gefunden hatte, stand er einen Augenblick vor und zog dann mit tiefer Nase nach. Sie liefen also in den Furchen, und das konnte heißen: entweder sie drücken sich am Ende des Schlages oder aber sie stehen auf und verstreichen. Ich traute dem Frieden nicht und dirigierte Schlump – mit dem Arm eine Bogenbewegung andeutend – im Halbkreis um die Kette. So bekamen wir die Hühner – noch bevor sie den Rand des Rübenfeldes erreichten – zwischen uns. Auf diese Weise saßen sie in der Falle.

Schlump rückte nun vor, und ich schritt ihm entgegen. Jetzt mussten wir ganz dicht an den Hühnern sein, denn der Hund stockte, keinen Schritt bewegte er sich weiter. Vorsichtig ging ich zu – und schon purrten die ersten Hühner heraus. Im Knall fiel eins der Hühner wie ein Stein zu Boden. Ein Zweites, das der linke Lauf erreichte, strich weg, himmelte und kam auf der Stoppel nieder. Wie ich beim Nachladen war, erhoben sich die nächsten Hühner aus den Rüben – zu früh für mich! Doch da stiebte ein Nachzügler auf, und den fasste die Flinte.

Vor dem Hund hatten sich die Hühner in der Deckung verloren – gerade so, wie man sich's bei der Suche wünscht.

Noch einmal forderte ich Schlump auf, und wieder setzte er sich in Bewegung, schwenkte, verhoffte, tupfte mit dem Kopf in die Rüben und tauchte wieder auf – mit einem Huhn im Fang kam er mir entgegen, zum Dank klopfte ich ihm den Hals. Auch die beiden anderen Hühner fand er ohne Mühe. Drei auf einen Streich! Das Pudeln gehörte dazu.

Nun sollte der Kartoffelschlag über dem breiten Fahrweg die Folge sein. Um ihn richtig nehmen zu können, umschlugen wir ihn und schritten über einen schon spannhoch nachgewachsenen Wiesenflecken. Zum Knick hin hatte man ein Geviert – mehr einen breiten Keil zu nennen – stehen lassen. Vergilbte, dicke Grasbuschen hoben sich heraus –

alles andere ein Wirrwarr von Rasen. Eigentlich der richtige Platz für Rebhühner, kam es mir in den Sinn, und es wäre die Probe aufs Exempel wert.

Gedacht, getan – wir gingen die Sache vom Heckenrand an. Mein Hund, dem ich bedeutete, den alten Grasflecken zu untersuchen, war mit Eifer dabei, auf meinen Wink hin holte er im weiten Boden aus und trabte auf das Altgras zu. Kaum hatte er es erreicht, stockte er schon, dehnte sich mit tiefer Nase vor, kam wieder hoch und äugte nach mir. Das war das Zeichen: „Die Hühner sind fest, du kannst kommen!" Geradewegs ging ich drauf zu… da – ein wahres

Spektakel – lauthals fuhr die Kette aus dem Gras. Auf den Schuss hin schrägelte eines der Hühner und fiel auf die Wiese – für Schlump eine leichte Arbeit. Das Volk tauchte drüben in die Kartoffeln ein. Dort fand es wieder Deckung und Ruhe.
Vier Junghühner hingen an Großvaters alter Jagdtasche – genug für den Auftakt. Ich war zufrieden mit Schlump, und er war es mit mir. Es stand mir frei, weiter zu jagen in die Mittagswärme hinein. Doch ich unterließ es. Ging es mir doch nicht um die Zahl der Hühner an den Schlaufen. Jetzt nun genoss ich es, ausgestreckt neben dem Hund im Schatten des Knicks zu liegen und nachzudenken, aber nicht um zu hasten nach Metern und Sekunden – morgen war ja auch noch ein Tag.
Und das unterscheidet die Jagd vom Sport für den, der sich zu beherrschen weiß, dem die Jagd auch „Kultur" bedeutet.

Meine Sauen vom Schilfgürtel am Saaler Bodden

Während eines Revierganges im Frühjahr im Wald, der sich der Steinwiese hinter der Försterei anschloss, stand plötzlich – wie aus dem Nichts – auf der kleinen Kahlfläche eine Überläuferrotte wie auf dem Präsentierteller. Langsam zogen die Tiere im „Gänsemarsch" dem geschlossenen Wald zu. Ich pirschte auf einem Weg, der ebenfalls dorthin führte, um die Rotte noch einzuholen – was mir auch gelang. Die ersten drei Stücke hielten sich immer in der Deckung, doch das vierte stand mit einem Mal auf kurze Entfernung quer vor mir. Die Brennecke aus dem rechten Lauf streckte die Sau – sie lag im Feuer – meinen ersten Überläufer am Saaler Bodden hatte ich zur Strecke gebracht!
Der Kutscher der Försterei brachte ihn mit Pferd und Wagen zur Wildabnahmestelle nach Ribnitz. Bei Ansitzen auf der großen Boddenkanzel sollten weitere folgen.

Zur Frühjahrszeit verbrachte ich viele Abende auf der Boddenkanzel an der kleinen Boddenwiese. An einem zeitigen „Schnepfenabend" wurde es plötzlich hinter mir im Rohrplan lebendig – das konnten nur Sauen sein, die sich die Wiese vornehmen wollten – dachte ich so bei mir und hoffte augenblicklich auf Anblick. Und ehe ich die Situation so richtig erfasst hatte, trat das erste Stück ins Freie – ein klapperdürrer Überläufer –weitere Stücke zog er förmlich hinter sich her – sieben an der Zahl. Sie waren alle von gleicher Statur, sie umringten meine Kanzel, und einer nach dem anderen scheuerte an den Kanzelpfosten seine Schwarte. Mucksmäuschenstill verhielt ich mich oben auf meinem „Thron". Obwohl sich die Kanzel bei dieser Prozedur bewegte, hielt sie als „Malbaum" stand.
Nach dem strengen Winter hatten wir Jäger uns auferlegt, keine stark abgekommenen Sauen

zu erlegen. Und so beobachtete ich das außergewöhnliche Treiben unter meiner Kanzel mit Vergnügen.
Nicht nur einer der Überläufer benutzte die Kanzel als Malbaum, sie alle nutzten nacheinander diese Gelegenheit zur Körperpflege. Als die Rotte „durch" war, nahmen die Überläufer „Aufstellung" und bildeten einen Kreis – als ob sie wussten, dass meine Flinte, nur mit Schrot geladen, in der Kanzelecke stand.
Dann gab der „Anführer" das Signal – und so geräuschvoll, wie sie aus dem Rohrplan auf meine Kanzel zugewechselt gekommen waren, verschwanden sie wieder im Rohrplan.
Damals mussten die Sauen vom Pütnitzer Holz bis zum Großen Rohrplan noch mit den Augen des Lynkeus gesucht werden. Auf der Boddenwiese wie auf der Steinwiese hatte ich im Frühjahr mehrmals Bachen mit Frischlingen vor und erfreute mich an ihrem Anblick. Im Herbst dann brach eine Bache mit ihren kräftigen Frischlingen gern mal an der Kleinen Boddenwiese am Rand des Großen Rohrplans entlang. Im späten November wechselte die Bache mit ihren Frischlingen zeitig aus, und ich kam mehrmals auf Frischlinge zu Schuss. Doch im Winter machte sich die Bache rar.
Nur einmal erlebte ich, dass eine Überläuferrotte im Februar bei Schnee im Langendammer Holz steckte Mit mehreren Jägern stellten wir den zuvor gekreisten und bestätigten Einstand ab. Die Hunde brachten die Sauen auf die Läufe, die verschiedene Wechsel annahmen und auswechselten. Einen Überläufer streckte ich mit der zweiten Brennecke. Mein Nachbarschütze schoss seine 16er Flinte zweimal ab und auch er hatte Weidmannsheil. Zwei Überläufer lagen auf der Schwarte. Die Freude über die beiden rauborstigen Kerle war groß.

Obertreiber Schooten – das Original

Die Wintersonne lächelt den Jägern zu, und sie freuen sich über den Pulverschnee und eine Neue, die den Wald schön und so geisterstill macht – grad wie man es sich wünscht fürs Jagen auf die Schwarzkittel. Wenn die urigen Borstentiere durchs Unterholz angetrottet kommen, auftauchen und wieder unsichtbar werden, oder durch den Schnee stieben, als käme der Leibhaftige hinter ihnen her – dann, ja dann schlägt jedes Jägerherz höher,

Die Erfolge bei den herbstlichen Drückjagden auf Sauen im Hessenburger- und Berenshäger Holz waren bescheiden. Meist brachen die Sauen dort durch, wo schlechte Schützen standen. Doch eine solche Sau-Drückjagd im Winter bei guter, frischer Schneelage mit Obertreiber Schooten war für mich ein besonderes Erlebnis.

Am alten Zollhaus, das an die Grenze zwischen Mecklenburg und Pommern erinnert, warten die Jäger mit Ungeduld auf die Rückkehr der Kreiser, vertreten sich die Füße, erzählen sich von vergangenen Saujagden und fiebern der heutigen Jagd entgegen.

Als dann endlich der erste Kreiser den breiten Weg zum Sammelplatz herauf kommt, verstummen die Gespräche – alle hoffen auf zwei Worte: „Sauen fest!"

Doch der Jockel zuckt nur mit den Schultern und erklärt: „Weit und breit nichts – könnt es mir schon glauben. Um die Apostelsteine herum nicht eine einzige Sau!"

Die Jäger machen lange Gesichter, schauen sich ungläubig an und schütteln die Köpfe. Die Spannung hat den ersten Dämpfer erfahren. Dann kommt Friedel mit langen Schritten ganz außer Atem und beschreibt mit Händen und Füßen, was er gesehen hat: „Drüben am Feld im Stockausschlag steckt eine Überläuferrotte, und in die Saufichten hat sich eine Bache mit mehreren Frischlingen eingeschoben. Zwei ganz sichere Treiben – das wäre doch was!"

Wie Balsam wirkt Friedels Bericht auf die Jäger – helle Freude kommt auf. Jeder darf nun hoffen auf Schwarzkittel. Noch fehlt Obertreiber Schooten, und als er kommt und berichtet, stellt sich Festtagsstimmung ein: „Was soll ich euch sagen? Kaum zu glauben, doch es ist die reine Wahrheit: Im Erlenholz stecken Sauen: von zwei Seiten sind sie zugewechselt. Macht eure Püster scharf – alles andere besorge ich schon!"

Nach kurzer Verständigung zwischen Jagdleiter Bele und Obertreiber Schooten ist die Sache klar: Die Schützen – elf an der Zahl – wissen ob rechts oder links, und ab geht es zum ersten Treiben. Zur Einstimmung wird die lockere Fichtendickung genommen, wo die Bache mit ihren Frischlingen das Lager aufgeschlagen hat und fest im Kessel steckt.

Von der Punkteiche aus umgehen die Schützen weiträumig die Dickung und umschließen sie wie einen kleinen Kessel. Den Rückwechsel besetzt der Jagdleiter, ich stehe ihm sozusagen gegenüber und zwar dort, wo die Dickung ohne Sicht auf die Nachbarschützen bauchig ausläuft. Für die Flinte gibt es ein gutes Schussfeld, nur in Abständen kahle, schneebetupfte Sträucher im hohen Holz. „Nun brauchen nur noch die Sauen angerückt kommen…" denke ich und kratze mit den Stiefeln den Standplatz zurecht.

Der Plan ist folgender: Zwei Treiber haben die Aufgabe, nach dem Anblasen vom Stand des Jagdleiters aus im Dickungsrand auf mich zu zu gehen. Obertreiber Schooten soll etwas spä-

ter mittendurch spazieren und für Unruhe sorgen. Anders gesagt: Jockel und Friedel haben die Aufgabe, die Bache auf die Läufe zu bringen, zumindest munter zu machen, und Schooten soll dann vorsichtig auf den Pulk zugehen, derweil die beiden Außentreiber den gleichen Weg zurück zu nehmen haben. So hofft der Jagdleiter, zwei oder drei Frischlinge von der Bache zu trennen.
Ein Weilchen nach dem Anblasen höre ich die beiden Treiber auf mich zukommen. Auf meinen Wink hin machen sie kehrt, und gehen langsam zurück. Kurze Zeit später fällt der erste Schuss, dann ein zweiter und schließlich noch einer. Neben mir schütteln sich Fichtenzweige – eine Sau huscht hervor mit dunklem Kamm und bräunlicher Schwarte. Der Frischling beschreibt einen Halbkreis um mich und will wieder in die Dickung zurück, hat es dabei aber nicht einmal eilig. Im Schuss schiebt es die Sau vor, und am Dickungsrand rutscht sie zusammen.
Dann höre ich ein leises „Hahn in Ruh!" Schon lugt mein Nachbar neugierig um die Ecke und winkt mir mit dem Hut zu, als ich auf die Randfichten zeige. Kann es ein schöneres „Weidmannsheil!" geben? Der Jagdleiter schmunzelt, sein Plan ist aufgegangen: drei Frischlinge liegen auf der Schwarte. „Eng abstellen", sagt er, „und überlegt durchgehen – nicht mit „Huss" und „Hoh"! Dann klappt die Sache auch bei den Sauen – nicht nur beim Rotwild!"
Weiter geht's zum Stockdickicht. Richtiger Niederwald ist es, derber Stockausschlag, ein paar Fichten, Grasnester und Wasserlöcher. Und das alles umgeben von hohem Holz. Ganz der richtige Ort für dic Sauen. Dort haben sie Ruhe und Schutz zu jeder Jahreszeit.
Die Schützen stehen im Hochwald. Das kleine Sauenparadies lässt sich gut abstellen. Vor allem sieht man die Sauen – sollten sie wirklich kommen – schon von weitem anwechseln, man kann man sich vorbereiten und dann ordentlich Dampf machen.
Kaum dass der Jagdleiter mit dem Horn den Beginn des Treibens verkündet hat, fällt schon der erste Schuss. „Der wird Reineke gegolten haben", denke ich. Und wie ich so stehe und auf die kahlen Sträucher vor mir schaue und in Gedanken Schwarzkittel an die eine und andere Stelle „hin zaubere", da kommt Meister Rotrock durchs Gras auf mich zugeeilt. Mein Fingern nach einer Schrotpatrone hält er noch aus, doch das vorsichtige Öffnen der Flinte nicht mehr. Eine blitzschnelle Kehrtwendung – und fort ist das Schelmengesicht!
Mit einem Mal geht mir gegenüber eine regelrechte Brennecke-Kanonade los. Doppelschuss folgt auf Doppelschuss. Diesmal geht der Plan wohl nicht auf, die Sauen haben gemeinsam das Weite gesucht. Der Jagdleiter wird den Hut nach vorn schieben und den Schwarzkitteln ein „saumäßiges Verhalten" vorwerfen... denke ich so für mich. Bert Brecht, der listige Augsburger, hätte dazu gesagt: „Ja mach' nur einen Plan, und sei ein großes Licht – und mach' noch einen zweiten Plan – geh'n tun sie beide nicht!"
Am Sammelplatz dann großes Palaver: Obertreiber Schooten fuchtelt mit den Armen: „Plötzlich stand ich vor den Schwarzen – sie schnüffelten im Gras herum, hoben alte Stubben aus... Als sie mich auf die paar Meter weg bekamen, schnaubten und bliesen sie – und dann stoben sie auf und davon!" Die Schützen waren förmlich überrascht worden von der großen schwarzen Bande, die auf sie zukam: „Zwischen uns ging alles durch! Zum Glück hatten ei-

nige Überläufer den Anschluss verpasst, denen machten wir dann Dampf!" erzählten Arno und Hannes noch voller Aufregung. Jagdleiter Bele rückt seinen Hut zurecht, das bedeutete: er war nicht ganz unzufrieden, denn die Beiden hatten mit ihren Doppelschüssen drei Überläufer zur Strecke gebracht.
Nun hofften alle, die noch nicht zu Schuss gekommen waren, auf das Erlenholz, ein gemischtes Waldstück von altem Bruchwald und einer Fichtendickung umgeben, die wiederum eingeschlossen ist von Stockwuchs und halbhohen Laub- und Nadelhölzern mit Unterwuchs – ein Schwarzwild-Ruheplatz, wie er im Buche steht. Nur einen Nachteil hat dieser urig anmutende Flecken: das große Waldstück gestattet kein sicheres Abstellen. Schmale Wege begrenzen den beliebten Saueneinstand, und das benachbarte Waldstück lässt sich schlecht abstellen. Also müssen sichere Wechsel besetzt werden, und die Jäger müssen ihre Flintenlaufgeschosse regelrecht „hinwerfen", oder – wer damit nicht zurecht kommt – muss es bleiben lassen und sich mit Zuschauen begnügen. Doch der Jagdleiter kennt schon „seine Pappenheimer", er stellt die Jäger mit der weniger sicheren Hand an besser einsehbare Nebenwechsel.
Mir fällt einer der Außenposten zu. Die Seite zum Feld bleibt offen, von dort her geht der Obertreiber aufs Zentrum zu. Ich stehe in der kalten, wunderweißen Welt, doch kein Wild und kein Schuss…! Dann endlich wird gegenüber angebrannt, dumpf klingen die Schüsse. Bei mir bleibt nach wie vor alles still. „Dieses Mal stehst du auf verlorenem Posten, holst dir nur kalte Füße…" murmele ich halblaut vor mich hin. Eine andere, innere Stimme meldet sich: „Inmitten von prächtigem Winterwald und jagdlicher Atmosphäre – fern von allem Straßenlärm – ist das nicht schon Glück genug?"
Da wird es vor mir plötzlich lebendig: Die erste Sau – schwarz wie die Nacht – stiebt durch den Schnee über die schmale Schneise, die zweite folgt ohne Abstand – zu rasch für mich! Die Flinte halb im Anschlag, sehe ich den dritten Schwarzkittel heran huschen. Wie er am Weg auftaucht, fasse ich zu, ziehe mit und reiße Funken… Vorbei der Spuk! - Ich warte noch, bis mein Nachbarschütze mich abruft.
Mit gemischten Gefühlen gehe ich zum Anschuss: … neben der Fährte finde ich eine abgeschossene, daumenstarke Haselnussgerte… mein erster Gedanke: „Gefehlt – zu spät den Finger gekrümmt – so ein Pech aber auch!" Ein paar Meter folge ich dem Fluchtweg noch, ein Funken Hoffnung bleibt ja bis zuletzt. Doch keine Zeichen, nur die Fluchtbahn im flauschigen Schnee. „Habe ich vielleicht Schweißspritzer übersehen?" kommt es mir in den Sinn… Also suche ich weiter... erblicke die ersten Schweißtropfen im Schnee – und da liegt die Sau – hinter dem Haselstrauch steckt sie im Schnee! Wie ich zurück zum Anschuss blicke, kommt Schooten aus der Dickung: „Hab ich's nicht gesagt? Sauen über Sauen! Allen habe ich welche zugeteilt. Aber die Schlumpschützen da drüben haben alle daneben gefunkt. Und warum hast du nicht mehr geschossen?" „Die beiden Ersten überraschten mich, kamen zu schnell über die schmale Schneise", antworte ich. „Zu schnell, zu schnell – soll ich den Schwarzen in der Dickung noch beibringen, wie „schnell" sie denn sein dürfen für die Herrn Schützen?" Wir lachen noch am Streckenplatz, denn dort legt Schooten nun erst richtig los …
Was den Schuss und den Haselstock angeht: das Flintenlaufgeschoss schnitt auf dreißig

Schritt den Haselstock ab, durchschlug danach die Wand der Altbache, fasste das Herz und verfing sich dann im Wildkörper. Der Saubart, den ich mir rupfte und der noch heute „lebt", hält die Erinnerung an die Haselnuss-Sau wach – an die Jagd mit dem Obertreiber Schooten und an das prächtige Winterwetter.

Der laufkranke Sechser

In der schönen Vorfrühlingszeit nahm ich hier auch das Rehwild in Augenschein. Ein Bock fiel mir auf, der abends schon zeitig ins Freie trat, hoch auf hatte und mir im Glas viel Bast über den Rosenstöcken zeigte. Ich hoffte, dass er hier sein Revier gefunden hatte. Als ich am Waldrand Plätzstellen und zerschundene Stämmchen fand, war ich mir sicher, es handelte sich um sein Revier. Und ich sollte tatsächlich recht behalten – kein Rivale tauchte auf.
Als ich ihn eines Abends beobachtete, wie er sich an kleinen Sträuchern zu schaffen machte und vor ihnen plätzte, konnte ich im Glas genau erkennen, dass es sich um einen Sechser mit ungleichem Stangenpaar handelte. Links geringe Sechserstange und rechts über der Rose eine fast endenlose Stange. Wie konnte es anders sein: dieser Bock erregte sofort mein besonderes Interesse. Während mehrerer Ansitze konnte ich ihn immer wieder bestätigen – also hier war sein festes Revier.
Im Mai dann war er untergetaucht. Zwar fand ich noch seine Umgänge: Plätzstellen und zerschlagene Stämmchen – doch ins Blickfeld kam er mir weder abends noch morgens.
Auch ein stärkerer Bock, der ihm das Revier hätte streitig machen können, ließ sich nicht blicken, lediglich ein guter Jährling turnte auf der Wiese herum. Ich wechselte meinen Platz und bezog die Kanzel auf der großen Boddenwiese am Rohrplan. Vielleicht hat der Bock eines Schmalrehs wegen seinen Einstand vorübergehend hierher verlegt, dachte ich.
Anfang Juli zu später Stunde glaubte ich ihn aus dem Rohrplan auswechseln zu sehen und einem weiblichen Stück auf den Fersen zu sein.
Am nächsten Morgen dann die Gewissheit: der Bock hatte sich an die Schalen eines Schmalrehs geheftet und trieb es über die Wiese, bis beide wieder im Rohrplan verschwanden. Nun ließ ich nicht mehr locker, ich wollte es wissen. Der Bock ging mir nicht mehr aus dem Sinn – das Studieren stand jetzt an zweiter Stelle...
Nach mehreren Abendansitzen wusste ich: diese Kanzel war nicht der beste Platz, zu groß war die Schussentfernung für die Brennecke! Also musste ich an der Waldzunge ansitzen. An einer Birke schlug ich dort meinen Sitzstock auf, entfernte störende Äste und nahm rechtzeitig meinen Platz ein, als die Sonne noch hoch stand. Da kam mir der Gedanke zu versuchen, den Bock mit meinem Hubertuspfeifchen auf die Wiese zu locken! Doch lieber wollt` ich erst einmal warten, anstatt mit unnützem Fiepen gleich alles zu verderben.
Doch plötzlich stand der Bock ganz unerwartet keine dreißig Gänge vor mir am Wiesenrand, es war der Richtige. An der Birke strich ich mein 12er Rohr an und – raus war die Brennecke – und fort raste der Bock, um am Schilfrand zusammen zu rutschen. Mit raschen Schritten war ich bei ihm, hob aus den geknickten Halmen meinen dunkelstangigen, noch ungeraden Sechser, steckte ihm einen Eichenzweig in den Äser und freute mich erst richtig, als er aufgebrochen an einem Aststummel neben meinem Sitzstock hing.
Als ich mir den Bock zum Aufbrechen zurecht legte, bemerkte ich noch, dass der linke Lauf am Sprunggelenk verknöchert war. Es war wohl eine alte Schussverletzung. Nach dem Abkochen des Schädels schätzte ich den Bock vierjährig.

Auf's Brett gesetzt erhielt er im alten Sauener Domizil einen Ehrenplatz an der Wand neben dem Schreibtisch mit einer Feder aus der Schwinge meines Fischaars von der Adlerkiefer am Saaler Bodden.

Der ungerade Achter

Das folgende Bockerlebnis zählt in jener Zeit zu meinen besten. An einem frühen Abend Ende Januar, als ich auf Füchse ansaß, zog mich auf der Steinwiese ein Bock in seinen Bann. Er hatte schon gut aufgesetzt und viel Bast zwischen den Stangen. Mehrmals sah ich ihn über die Wiese ins Feld ziehen. Das Gehörn war zeitig fertig, wenn auch noch recht unsauber gefegt. Doch bald hatten die Stangen hellen Glanz. Die Rosen deuteten auf einen älteren Bock. Die rechte, geringere Sechserstange besaß über der Rose noch eine Sprosse – einen „ungeraden Achter" hatte ich also vor mir. Und der ging mir nicht aus dem Sinn. Doch er machte sich rar und mied mich bei ansitzgerechter Zeit. Er hatte sich wohl einen anderen Einstand gesucht.
Auf der Steinwiese wechselten fortan drei junge Böcke, die sich jedoch rasch ins Feld verdrückten. Keine frischen Schlag- und Plätzstellen fand ich mehr hier... Erst später fand ich am Rand des kleinen verwachsenen Kahlschlages im Waldstück hinter der Steinwiese die zerschundenen Stämmchen und Plätzstellen.
Für den Ansitz gegen Ende Mai suchte ich mir einen passenden Flecken hinter Strauchwerk, ein altes Stammstück war mein Sitzplatz. Hier in der Nähe – so hoffte ich – musste der Bock abends hoch werden. Mehrmals hockte ich dort an schönen Maiabenden – doch ohne ein Zeichen von einem Bock. Nur ein Jährlingsspießer – hoch auf – trieb sich auf dem Kahlschlag herum.
Im Juni – zur faulen Zeit – hatte es mir der Flecken wieder angetan. An einem warmen Frühlingsabend zog es mich dorthin, und ich brauchte auch nicht lange zu warten. Da zeigte sich etwa 60 Schritte vor mir ein roter Fleck – der Jährling! Doch mit einem Mal wurde ein anderer Bock lebendig und sprengte den Jährling in Richtung Steinwiese. Mein hellstangiger Sechser kehrte jedoch zurück und machte sich an dünnen Sträuchern zu schaffen. Er plätzte wie der Platzherr, dass die Grasfetzen flogen. Dann gab er die Markierungen auf, kam stichgerade auf mich zu gezogen und sicherte, den Kopf hin und her bewegend. Darauf drehte er sich und zeigte mir sein Blatt...
Ich hielt mein 12er Rohr schon im Anschlag und – raus war die Brennecke – wie wir zu Hause zu dem Flintenlaufgeschoss sagten. Doch jetzt kein Laut mehr vom Bock, kein Abspringen. Wie ich es gelernt hatte, wartete ich erst ein Weilchen und ging dann, den abgeschossenen

Flintenlauf wieder mit einer Brennecke geladen, vorsichtigen Schrittes in Richtung Bock… und da schimmerte es rot durch die Zweige des Buschwerks – vor einem kleinen Strauch lag er ausgestreckt– der Achter. Ganz behutsam trat ich heran, betastete sacht das Gehörn, und hob seinen Kopf… und staunte nicht schlecht: ganz sauber verfegt mit langen Vordersprossen auf der rechten Stange, die den ungeraden Achter zeigte. Nach zwei Jährlingen, die ich auf der kleinen Boddenwiese schon zur Strecke gebracht hatte als Krönung nun der Achter!
Als ich mit dem ungeraden Achter auf dem Rücken in der Revierförsterei Steinort eintraf, war die gemeinsame Freude beim Begutachten des Bockes groß. Mit Erzählen und Fabulieren über vielleicht einen ungeraden oder geraden Zehner im nächsten Jahr wurde der Abend lang.
Doch bei den Vorlesungen am nächsten Tag hing der Kopf tief – aber was zählte, war der ungerade Achter!
In der Erinnerung an das Langendamer Revier spielt die Kanzel auf der großen Boddenwiese eine besondere Rolle. Wenn sich im Dezember einmal Schneewetter einstellt, bleibt in den Gedanken an die Ansitze auf Sauen, Fuchs und Hasen eine leuchtende Erinnerung bewahrt.

Rauhfrostgeflüster

Pünktlich zu vorweihnachtlicher Zeit hatte sich winterliches Wetter eingestellt. Auf weißen Sohlen kam es über Nacht daher geschlichen, und die Sonne zauberte eine Wunderwelt daraus – einen festlichen Tag: Rauhfrostgeflüster – ich dachte mehr an Fuchs- und Hasenpassen und an Saujagden denn ans Studieren. Dazu ist noch immer Zeit, wenn´s Jagen sich von selbst verbietet, wenn der Sturm heulend durchs Geäst fährt und den Wald erzittern lässt, wenn der Regen sich in Strömen über die Flur ergießt. Oder wenn der Nebel das Land überzieht und den Tag zur Nacht werden lässt.

Als ich die erste Waldhecke im Feld erreicht hatte, tat sich für mich eine andere Welt auf. Ich betrat ein neues, weites Land. Unberührt wie eine Märchenlandschaft lag es da, wie gemacht für die Ewigkeit. Glück für den, der dieses Wunderreich zur rechten Stunde betreten kann und die scheinbar vollkommene Wirklichkeit nicht versäumt.

Hinter dieser Pforte lagen für mich lockende Ziele – Stimmen der Stille – die den Jäger, der ernsthaft so heißt, in knisternde Spannung versetzen. Es sind die Momente, die ihm am wertvollsten sind bei der Jagd: wenn Reineke auf unsichtbarem Pfad einher geschnürt kommt, leise, doch hörbar fürs Jägerohr. Oder wenn Mümmelmann, der Hase, im Abenddämmer seine Sasse verlässt, durchs Holz buckelt und mit seinen Sprüngen das Laub berührt, das raschelnd nachgibt. Oder wenn das Knacken der Schilfhalme die Sauen ankündigt. Erwartungsvolle Augenblicke… verlieren sie sich, die Stimmen der Stille, oder kommen sie näher und nehmen Gestalt an…?

Zur Boddenkanzel an der kleinen Boddenwiese zog es mich, bis in den Nachmittag wollte ich dort auf Rehwild ansitzen, wollte die Kristallpracht der Natur genießen und anschließend zur Steinwiese bummeln, um Meister Lampe bei seinem Auslauf abzupassen. „Nutze den Tag!" sagte die innere Stimme, „.halte es fest das Rauhfrostgeflüster!"

Die offene Kanzel an der kleinen Boddenwiese suchte ich stets auf, wenn sich dieser Flecken Erde von seiner schönsten Seite zeigte, wenn er seine Geheimnisse offenbarte, wenn es im zeitigen Frühjahr nach Moorwasser roch und die Schnepfen gaukelten. Wenn zur Pfingstzeit das frische Grün duftete und der schon rote Bock aus dem Schilf trat. Wenn im Sommer Mückenschwärme wie dunkle Wolken über dem weitläufigen Rohrplan standen, und Bock und Ricke keuchend und fiepend ihr Spiel trieben, und wenn zur Herbstzeit die Enten lockten. Zu Füßen der Kanzel die Wiese vom Rohrplan begrenzt, dann das Ufer des Saaler Boddens mit der Adlerkiefer und in der Ferne das Fischland und der Darß…

Und jetzt – eingehüllt im Lodenmantel und darüber gezogenem Schneehemd fühle ich mich auf der Kanzel wohlig warm – nicht wie ein Fremder, ich gehöre der Natur an, will ihr Teilhaber sein nach jagdlichem Maß. Die Gedanken wandern hinüber zum Darßwald, zu Ferdinand von Raesfeld, dem Altmeister des deutschen Weidwerks und seiner Zeit, der er in vielem voraus war. Vor meinen Augen tauchen jagdliche Erinnerungen auf, die mir Bilder froher Jagdtage und Naturgenüsse schenken: Wenn ich meinen Freund, den Fischadler Weisbauch begrüßte, wenn er über Rohrplan und Bodden seine Kreise zog und sich dann auf der alten Krüppelkiefer am Boddenufer einschwang und dort eine Zeitlang blockte, bis er sich wieder abschwang zum Fischen im Boddenwasser. Schließlich schwang er sich auf zu seiner Horstkiefer im Langendammer Holz, das schon hinter der alten mecklenburgischen Grenze in Vorpommern liegt...

Wie ich nun meine Augen über den Rohrplan und das Boddenwasser bis zum Horizont hin wandern lasse, tappt es hinter mir im Schilf, Stengel rascheln, dann wieder Stille, und wieder ein paar kurze Tritte und Rascheln im raufrostigen Schilf. Vorsichtig wende ich mich um: da lugt das erste Stück bereits aus dem Röhricht, gute zehn Schritte neben meiner Kanzel, zur Waldzunge hin, die in die Wiese ragt und sich bis zum Schilf hinzieht. Nun steht sie ganz frei, die Ricke, und hinter ihr das Kitz, und schon trollen sie zur anderen Seite dem Wald zu. Fast spitz von hinten, also nichts für einen sauberen Schuss, schon gar nicht aus der Flinte und über die Schiene. Doch da steht ja noch ein Stück – ich hatte es nicht gleich bemerkt, war mit den Augen ganz bei der Ricke und ihrem Bockkitz. Es will den beiden folgen, zögert inmitten der Wiese, verhofft, äugt zum Schilf zurück... Drinnen geht ein weiteres Reh um, ganz deutlich sind die Schritte zu vernehmen – doch ich achte nicht ernsthaft darauf, nehme die Flinte, das 12er Rohr in die Hand und schiebe den Püster über die Kanzelbrüstung. Noch steht das Kitz spitz, äugt aber weiter in Richtung Schilf. Wenn es doch nur einen Schritt zur Seite träte – denke ich, dann könnte es gehen. Die Sache im Schilf scheint aber so interessant zu sein, dass das junge Stück nicht weiter zieht sondern nur eine Vierteldrehung macht...

Das Flintenlaufgeschoss, das da aus der Doppelflinte donnert, heißt „Korhaan", und die rote Papphülse zeigt so etwas, wie einen Trapphahn; zuweilen traf man auch damit und war zufrieden, denn Besseres war damals unerreichbar.

Nach dem Schuss schlurft das Stück, nach dem das Kitz so aufmerksam gesichert hatte, ins Rohrdickicht zurück. Ja, aber das hört sich doch nicht an wie ein Reh, sondern vielmehr wie eine Sau, die es nicht eilig hat. Donner und Doria, hätte ich doch nur gewartet und genauer hingehorcht, anstatt das Kitz im Auge zu haben!

Aber so ist die Jagd, und so wird sie bleiben!

Ich hole tief Luft und entscheide mich, trotz inzwischen kalt gewordener Füße weiter auszuharren auf meiner Boddenkanzel mit der Adlerkiefer im Blick. Warum sollte ich den Ansitz hier zu bester Stunde abbrechen und zur Steinwiese wechseln? Auch in Boddennähe gibt es Langohren. Und mit dem Aufbrechen des Kitzes hat es keine Eile.

Über dem Fischland neigt sich die bleiche Sonne, blaugraue Dämmerung breitet sich aus, kein Windhauch ist zu spüren – Zeit für die Buschhasen! Und ich empfinde bei diesem Gedanken das schöne Gefühl der Einsamkeit, das nur der Jäger kennt.

Hört sich`s in der Waldzunge nicht nach Hasenhoppler an? Ganz deutlich ist`s jetzt zu vernehmen: tapp, tapp – tapp, tapp – Pause – und wieder zwei Hoppler und noch einer. Ich greife nach der Flinte und suche mit den Augen die kurze Waldkante ab: jeden Moment muss jetzt der Hase auftauchen. Doch da verliert sich das Hoppeln, Mümmelmann rückt auf der anderen Seite aus, zur großen Boddenwiese hin oder gar durch den Wald ins offene Feld? Einem alten Buschhasen ist viel Weg zuzutrauen. Wär' ja auch ein zäher Braten gewesen, tröste ich mich, und bis Weihnachten sind ja noch einige Tage Zeit.

Ein paar Minuten will ich noch zugeben und dann abbaumen. Zum Abschied noch ein Blick in Richtung Bodden und zurück zur Schilfkante... Ja, da bewegt sich doch etwas; ein Reh – nein, ein Hase – kaum möglich… ein Fuchs huscht heraus und schnürt eilig über die Wiese – zu weit für die Schrote. Doch das ist die Hoffnung für die kommenden Tage, wenn's an's Fuchsriegeln gehen soll. Mit diesem Gedanken verlasse ich die Kanzel, kümmere mich nun um das Kitz, schenke den Aufbruch den Füchsen, verschränke meine Beute auf dem Rucksack und mache mich auf den Heimweg.

Das Jagdrevier Dassow – Schönberg

Nach meinem ersten Studium schloss sich eine verordnete Assistentenzeit auf dem Lande an – zunächst in Dassow, im Klützer Winkel, danach in Schönberg im Grenzgebiet zur damaligen BRD. Ich musste mich nun nach einem anderen Jagdgebiet umsehen, der Weg zum Saaler Bodden war für mich zu aufwendig. Im Dassower Grenzgebiet, in der Wohngebietssiedlung, die in der Sperrzone lag, fand ich zunächst eine Unterkunft und auch das neue Jagdrevier, welches nur mit Passierschein betreten werden durfte. Ich erhielt diesen ohne Probleme, sollte ich mich doch nach dem Studium nun als Assistent in der Landwirtschaft bewähren. So fand ich Aufnahme in die dortige Jagdgruppe der GST. Zur Jagdausübung in dieser Grenzregion waren staatlicherseits monatlich bestimmte Tage festgelegt, an denen die Jäger mit der Jagdwaffe im Revier unterwegs sein durften. Ein Teil des Reviers lag außerhalb des Sperrgebietes, und wenn der Jagdleiter das „o. K." gab, konnte dort jederzeit gejagt werden, was ich weidlich nutzte. Die Jagdwaffen waren am Rande des Holmer Waldes bei den Grenztruppen der NVA stationiert.
Im Herbst hieß es: „Drückjagd im Holmer Wald!" an der Straße von Dassow nach Grevesmühlen – also im Sperrgebiet. Diese „genehmigten Jagdtage" waren begrenzt, und es hieß, sie zu nutzen. So erlebte ich meine erste Ansitzdrückjagd auf Sauen, Rehwild und Fuchs in diesem neuen Revier. Gleich beim ersten Treiben kam mir auf einer engen Schneise eine Rotte Sauen so rasch, dass ich nicht zu Schuss kam. Im zweiten Treiben hatte ich meinen Stand an einer alten Eiche und die Schneise davor ohne jegliches Schussfeld. Einen „guten Beobachtungspunkt" hatte mir der Jagdleiter dieses Mal zugedacht. Da hörte ich nach den ersten Schüssen schwere Schritte auf mich zukommen, und als ich mich um die Eiche drehte, wäre ich beinahe mit einem starken Damschaufler zusammen gestoßen. Doch Damwild war für alle Schützen nicht frei gegeben – weder Kälber noch Spießer noch Schmaltiere – der geringe Bestand sollte sich erholen. Der Schütze auf dem Nachbarstand hatte meinen „Fast-Zusammenstoß" mit dem Schaufler aus der Ferne mit erlebt und dies am Sammelplatz berichtet. Das löste natürlich unter den Jägern große Heiterkeit und Gelächter aus, und ich war dank dieser Fast-„Karambolage" in der Jägerschaft aufgenommen.

Nicht für alle Jäger zählte der Jagdverzicht auf Damwild. Der damalige Vorsitzende vom Rat des Kreises Grevesmühlen hatte von meiner „Damschaufler-Begegnung" bei der herbstlichen Drückjagd im Holmer Wald erfahren. Und ohne die verordneten Jagdtage zu akzeptieren, setzte er selbst sich dort mehrmals auf diesen Schaufler an und brachte ihn auch zur Strecke. Für ihn galt also der Jagdverzicht nicht. Dank seiner Stellung erlaubte er sich den ungesetzlichen Abschuss. Diese Verfahrensweise war in Dassow durchaus üblich.
Die nächsten kleinen Treiben im Bruchwald brachten mir Rehwild vor die 16er Flinte, die mir der Jagdleiter für diese Jagd in die Hand gedrückt hatte. Ganz mühelos konnte ich auf kurze Entfernung ein Kitz und eine alte Ricke zur Strecke bringen. Das war mein Einstand im neuen Revier. Im letzten Treiben entkamen jedoch mehrere Rotten Sauen unbeschossen ins freie Feld.
Als es dann im nächsten Frühjahr ums Rehwild, d.h. um die Böcke ging, war ich gleich mit Aufgang der Schusszeit – damals noch am 16. Mai! – erfolgreich mit zwei Jährlingen.
Schwierig dagegen war es, Sauen im Feld zu erpirschen bzw. zu ersitzen, damals hielt sich der Bestand noch in Grenzen. Auch das Rehwild – zwar stark im Wildbret – war im Feldrevier ebenfalls zu gering im Bestand.
Dies alles gab für mich den Ausschlag, nach meinem Umzug nach Schönberg – es lag außerhalb des Sperrgebietes – das Jagdgebiet nochmals zu wechseln. Dort wurde ich mit offenen Armen aufgenommen.

Der Tombola-Hase (Noch eine nette Hasengeschichte aus dem Dassower Revier)

Das vorweihnachtliche Wohngebietsfest hatte schon eine längere Tradition in der Dassower Siedlung. Zu dieser Festlichkeit gehörte eine respektable Vorbereitung des Angebotes an Speisen – hausschlachtener Schinken, Räucheraal und Buttercremetorte – und natürlich ein Weihnachts-Hase! Auch an Getränken wurde nicht gespart, außerdem gab es eine Tombola. Die Beschaffung dieses obligatorischen Weihnachts-Hasen fiel in jenem Jahr mir zu, dem neuen Untermieter-Bürger in der Siedlung. Als junger, passionierter Weidmann versprach ich dem Jagdleiter die prompte Erfüllung dieser Aufgabe. Lieferte sie mir doch ausreichend Grund, den Feierabend vom Schreibtisch etwas vor zu verlegen.
Zuerst also versuchte ich es mit dem Hasenansitz auf Meister Lampe. Die Mümmelmänner jedoch buckelten stets dort aus der Deckung in den Wald, wo ihnen meine Schrote nicht gefährlich werden konnten. Auch beim Haseneinlauf frühmorgens hatten es die Hasen immer sehr eilig. Ein paar verzweifelte Weitschüsse brachten lediglich etwas Hasenwolle zur Strecke. Mit den versessenen Abenden und Morgen schmolz die Zeit bis zum Fest bedenklich dahin. Angesichts dieser Tatsache entschied ich mich also zur Hasensuche – durchstreifte kleine Feldgehölze, schlich an den Hecken entlang, klopfte das Dornengestrüpp ab – kurzum, ich lief den Löffelmännern förmlich hinterher, denn mittlerweile war Eile geboten. Sprang nun endlich einmal ein Krummer vor mir aus der Sasse, war er vorn zu lang und hinten zu kurz. Ein andermal gab ich den Sträuchern die Schuld, dass Meister Lampe entkommen konnte. Und schließlich hatten die Patronen eine zu schwache Ladung. Auch der Hund, den ich bei mir hatte, schien sich sehr darüber zu ärgern, dass er keine Arbeit erhielt.
Alles in allem – bei dieser Hasenjagd ging ich leer aus und stand schließlich mit bitterer Miene vor dem Jagdleiter. Er klopfte mir beruhigend auf die Schulter und zeigte zum Schuppen – neben der Schuppentür hing er bereits – der erwartete „Tombola-Hase"…
Zwei Tage später: Die Siedlung war wie ausgekehrt – die Kulturstätte des Ortes jedoch randvoll erwartungsvoller Bewohner. Für jedermann gut sichtbar waren die Tombola-Gewinne aufgebaut – am besten zu sehen war der vom Jagdleiter auf einem Abendansitz erlegte, sauber gekämmte Hase…!
In der ersten größeren Pause wurden die Lose verkauft. Auch ich griff tief und kräftig in den Los-Topf … und rollte nach mehreren Nieten die Nummer 50 auf. Dann das „Spiel zwischen Diana und Fortuna" – mein Jagdleiter frozzelte: „Wer wird nun den Hasen „zur Strecke" bringen?"
In der zweiten Pause hatte der Tombolameister das Wort. Mit Vergnügen glossierte er die Gewinner der Hauptpreise – er kannte ja seine „Pappenheimer". Unter lautem Applaus wanderten die wertvollen Preise in die Hände der Gewinner. Was aber blieb bis zu guter Letzt hängen? Der Hase! Einsam baumelte er über dem großen, leeren Präsenten-Tisch. Er war einer von der Sippe, die mir ein Schnäppchen geschlagen hatte!
Mit sichtlichem Wohlbehagen führte der Tombola-Meister seine letzte Amtshandlung aus und rief laut: „Die Nummer 50 bitte!" –Da half alles nichts, ich musste vortreten, das Los „Nr. 50" in der Hand – und der vollbesetzte Saal erfuhr nun haargenau von meinem Hasen-Drama... Als der Mümmelmann schließlich mit „Weidmanns Heil" in meine Hände kam, ergoss sich das Hohngelächter des ganzen Saales über mich.

Jagen im Schönberger Revier

Der Jagdleiter und ein älterer Mitjäger – der Tankwart der örtlichen Tankstelle, er fuhr einen „Wartburg“ – zeigten mir das Schönberger Revier und seine Grenzen und erklärten mir, in welchem Revierteil ich jagen konnte. Es hatte die Bezeichnung „Niendorfer Tannen“ und war ein größeres Revierteil mit Kiefern, Fichten und Laubholz. Ich benutzte die Straße Richtung Niendorf und dort, wo der Weg rechts ins Holz führte, machte ich mit meinem Fahrrad oder dem Motorrad Station. Es war der Ausgangspunkt für Ansitz und Pirsch. Hinter der Einfahrt zum Weg begann die Pirsch. Dort am kleinen Kahlschlag schoss ich meinen ersten Schönberger Bock.

Im Frühsommer stand er beim Anmarsch morgens im Aufwuchs und äste sich langsam in Richtung Hochwald. Von Jagdleiter erhielt ich ein 16er Rohr ausgeliehen dazu meist 5 Brennecke und 5 Schrote. Als ich den Bock als abschussgerechten, beidseitigen Sechser angesprochen hatte, fasste ich ihn über die Schiene – er stürzte im Knall… Danach war es mucksmäuschenstill… Als ich nun auf den Anschuss zuschritt, lag der Bock punktgenau im feuchten Gras vor einem alten Stubben. Behutsam strich ich über seine Krone – wahrlich wie angesprochen: ein mittelalter, schon zurück gesetzter Sechser. Ich trug ihn bis kurz vor den Weg, brach ihn auf und suchte nach einem Aststummel, an dem ich ihn zum Ausschweißen aufhing. Anschließend setzte ich die Pirsch fort.

Nach einer kurzen Strecke erreichte ich den nächsten kleinen Kahlschlag, ein Rechteck, mit Himbeersträuchern überwuchert. Plötzlich vernahm ich vor mir ein Geräusch – ein Plätzen – und da erblickte ich ihn: einen stattlichen Bock, ganz stark im Gebäude mit dunkel gefärbten, weit über lauscherhohen Sechserstangen. Ich genoss den herrlichen Anblick – dachte nicht daran, die Flinte von der Schulter zu nehmen – er zog langsam weiter und verschwand im angrenzenden Holz. Meine Steh-Pirsch setzte ich nun bis zum Feldrand fort. Am Getreiderand stand ein weiterer Bock, ein junger, der hoch auf hatte – also einer der besten Zukunftsböcke – eilig verdrückte er sich ins Getreide.

Von dem starken Bock in den Niendorfer Tannen erzählte ich meinem Jagdleiter – „…dann bring ihn doch zur Strecke – das „alte Rauhbein“! Es klang förmlich wie ein Befehl: „in diesem Revierteil jagt kein anderer Jäger, dort herrscht Ruhe. Erhalte sie dir dort beim Jagen!“ – Als ich Wochen später dort wieder pirschte, ging es schon hoch her. Ein Schmalreh stand in der Nähe des Bockes – doch ich ließ die beiden zunächst in Ruhe.

An einem schönen Septembertag hatte ich mich auf meinem Sattelstock an eine Fichte gelehnt. Da wurde der Sechser wieder sichtbar für mich. Als nun der Altweibersommer seine funkelnden Fäden am Morgen spann, wartete ich dort wieder auf das „alte Rauhbein“.

Doch erst ein nächster wärmender Septembernachmittag zauberte ihn wieder auf die Beine; im Gesträuch des Kahlschlages hatte er geruht – nun stand er plötzlich da! Jedoch für einen sicheren Brennecke-Schuss noch zu weit entfernt. Eilig hatte er es nicht, über den Schlag zu ziehen, nichts störte ihn… doch plötzlich setzte er sich in Bewegung, kam näher und näher…

Ein Blick durch das Glas bestätigte: Er war der Richtige – der lange Zeit Abwesende.
Und als die Entfernung für einen sicheren Schuss passte, zielte ich über die Schiene aus dem 16er Rohr… Im Schuss versank er im Himbeergesträuch.
Nach einer Wartepause ging ich Schritt für Schritt zu der Stelle, wo er verendet lag – aus den Himbeerruten hob ich einen braunstangigen Sechser – vielleicht ein achtjähriger Rücksetzer.
Mich erfasste eine glückhafte Stimmung – wie sie nur ein Jäger kennt.

Der alte Spießer

Gegenüber dem großen Moorflecken, dem Nüsselmoor, im Feld stand in jenem Jahr ein Roggenschlag. Linkerhand schlossen sich ein Heckenstreifen, der zum Moor führte, und ein kleiner Wiesenflecken an. Hier hatte ich beim Reviergang alte und frische Plätzstellen entdeckt. Hinter der begrenzenden Hecke lag wieder Feld. Also – dachte ich, und war mir ziemlich sicher, also hat der Bock im Getreide seinen Einstand und tritt nach ausgiebigem Sichern aus dem Halmenwald auf den Wiesenflecken, um nach intensivem Plätzen der Hecke zu zuwechseln.
Dort saß ich nun häufig abends oder morgens auf meinem Sitzstock am Getreide – doch einen Bock bekam ich nicht in Anblick. Noch war „heimliche Zeit", die Brunft noch nicht erwacht.
Aber einmal musste der Bock sich dort schon sehen lassen – nur: wann trat er aus dem schützenden Getreide in die schutzlose „Öffentlichkeit"?
Ich setzte wieder mal auf den frühen Abend – ein Sommerabend wie aus dem Bilderbuch – mich umgab der Duft der blühenden Wiese…
Plötzlich wurde es lebendig im Halmenmeer – am Rand des Feldes bogen sich die Ähren – und da stand „Er" wahrhaftig schon am Rand des Getreides. Er sicherte… fast gelangweilt… und trat schließlich ins Freie, mitten hinein in den Wiesenfleck und hier begann er zu plätzen. Mit einem Mal hielt er inne – verhoffte und äugte zur gegenüber liegenden Hecke – längst hatte ich die Flinte in Anschlag gebracht. Ohne Glas erkannte ich lange, helle Spieße, richtete die Läufe in die Blattgegend und zog am rechten Züngel…
Der Bock ging nieder, kam wieder hoch und ging ab in Richtung Moor. Am Anschuss fanden sich ein paar Schweißspritzer, doch mehr nicht in der Fluchtfährte. Auf keinen Fall wollte ich die Spuren zertrampeln, pirschte zurück und fuhr zum Jagdleiter – glücklicherweise war er zu Hause und selbst nicht auf Ansitz.
Mit dem Tankwart fahren wir samt „Deutsch-Kurzhaar" zum Getreidefeld, wo ich die Männer zum sicher gekennzeichneten Anschuss führte. Begierig sog sich der Hund am Anschuss fest und zog uns dann in Richtung Hecke. Nach vielleicht 100 Metern standen wir vor dem

verendeten Bock. Es war ein alter, weißstangiger Spießer. Einen „Mörder", wie er im Buche steht, hatte ich zur Strecke gebracht. Der Schuss saß tief vorn im Wildkörper.
Die Brüche, den letzten Bissen für den Spießer und den Erlegerbruch überreichte mir der Jagdleiter mit großem „Weidmannsheil" und mit den Worten: „Ganz richtig hast du das gemacht, hast nicht drauf los gesucht, sondern den Hund geholt und arbeiten lassen, wenn es auch nur eine kurze Nachsuche war."

Geringer Sauenbestand

Die Saujagd in diesem Revier dagegen war schwierig. Der Sauenbestand war gering im Vergleich mit dem heute überall hohen Bestand. Deshalb durften im Frühjahr und im Sommer nur weibliche Überläufer bejagt werden. Frischlinge waren bis zu den Herbstjagden tabu.
Im Frühjahr saß ich gern im Feldgehölz an der Maurinewiese auf Sauen an, doch nicht um sie zu bejagen, sondern um die Bachen mit ihren Frischlingen zu beobachten. Ein Bekannter von mir begleitete mich oft dorthin – stets mit dem Gedanken, vielleicht doch einen Überläufer auf dem Rückwechsel vor die Flinte zu bekommen.
Eines schönen Frühsommermorgens pirschten wir in den Niendorfer Tannen auf Sauen. Auf dem Rückwechsel von den Wiesen zum Tageseinstand kamen uns drei Überläufer vor die Flinten. Ich zögerte nicht lange, und im Schuss rutschte der Letzte von den Dreien im Gras zusammen und rührte sich nicht mehr.
Mit einer neuen Brennecke im Lauf näherten wir uns Schritt für Schritt der Sau – sie war inzwischen verendet. Wie sich beim Aufbrechen herausstellte, war es ein Herzschuss, der das Tier augenblicklich verenden ließ. Wir legten es hohl und aufgehoben zum besseren Ausschweißen über einen Stubben. Aufgebrochen etwa 40 kg schwer, war es jedoch keine Überläuferbache sondern ein Überläuferkeiler – also mussten die beiden anderen auch Überläuferkeiler gewesen sein.
Als wir weiter pirschten, hatten wir tatsächlich noch eine Bachengesellschaft im Anblick: zwei tiefschwarze Teufel mit ihren Frischlingen.
Nun aber musste der erlegte Überläufer zur Wildannahmestelle im Ort gebracht werden, und das ohne Auto! Mein Bekannter – ein Mann von kräftiger Gestalt – sah darin kein Problem. Wir legten die Sau quer über das Ersatzrad des Motorrollers „Troll", und ich hielt sie an den Läufen fest, während er den Lenker führte. Im Schritt-Tempo und nach mehrmaliger „Korrektur der Lage" schafften wir schließlich die Fahrt bis zum Ort und zur Kühlhalle.

Die Ricke im Sommerhaar

An einem grauen Tag gegen Ende Oktober saß ich im Niendorfer Feld begrenzt von Hecken auf Rehe an. Am späten Morgen kamen mehrere Stücke – Ricken und Kitze – in mein Blickfeld. Eine einzelne Ricke stolperte den anderen hinterher, als wollte sie den Anschluss nicht verpassen. Das Stück hatte noch nicht verfärbt, war noch fast vollständig in der Sommerdecke. Es musste sehr alt sein. Eine Krankheitsursache konnte ich nicht ausmachen. Also zögerte ich nicht lange und schoss auf ca. 40 Meter Entfernung. Im Knall sackte das Tier zusammen. Noch vor dem Aufbrechen schärfte ich den Äser auf, um die Zahnleisten besser sehen und befühlen zu können. Meine Ahnung bestätigte sich – von den Schneidezähnen waren nur noch Spuren vorhanden, ebenso waren die Molaren weitgehend abgenutzt. Zu lange hatte sich diese Gelt-Ricke „durchgemogelt". Nie wieder erlebte ich Ende Oktober ein Reh im Sommerhaar…!

Liebesreigen am Nüsselmoor

Einer meiner Lieblingsplätze war der Weidensitz am Nüsselmoor. Er befand sich am Ende der Hecke, die an der Einfahrt zu den Niendorfer Tannen begann, wo ich mir eine Kopfweide zurecht geschnitten hatte. Hier saß ich gut gedeckt mit guter Sicht ins Moor. Auf diesem Platz verbrachte ich zu allen Jahres- und Tageszeiten viele Ansitzstunden auf Sau, Bock und Fuchs. Der Erlenwuchs linkerhand von meiner Weide führte zu trockenen Plätzen im Moor. Diese ruhigen Plätze waren die Einstände für mehrere Böcke. Drinnen nahmen sie miteinander „Tuchfühlung", nach außen besaß jeder „seinen Raum".

Ein braver Sechser hatte die nordöstliche Seite eingenommen. Ihn kannte ich schon mehrere Jahre. Doch von einem Jahr zum anderen war aus dem starken Sechser ein Rücksetzer geworden. Und in diesem Jahr machte das Getreide einen solchen Schub, dass vom Bock, wenn er die Erlen verließ, nur mehr das Haupt und ein kurzes Stück vom Träger zu sehen waren. Von meinem Sitz in der Kopfweide sah ich ihn zwar für Augenblicke, wenn er über den schmalen Grasstreifen zwischen Feld und Erlen wechselte, doch an einen sicheren Schuss war nicht zu denken. Und oben zur Äsung hin, an und über der Straße, war ihm bei gutem Büchsenlicht nicht beizukommen. Also musste ich warten, bis Lagerstellen im Getreide mir zu diesem Bock verhelfen würden. Solche Stellen konnte ich wohl ausmachen, der Bock aber mied sie, und zwar anscheinend immer gerade dann, wenn ich in der Kopfweide saß.

Wie es nun auf die Brunft zuging, versuchte ich mein Heil erneut. Endlich, an einem windstillen, kühlen Sommermorgen, kam er mir tatsächlich schussgerecht.
Noch im Dämmerlicht hörte ich Rehwild durchs Getreide hasten, näher und näher vernahm ich das Keuchen – es entfernte sich aber wieder. Im Roggen war es still geworden, auch die Sonne lockte die Ricke und den Bock nicht heraus. Hin und her, von Lagerstelle zu Lagerstelle streiften meine Augen. Da durchzuckte es mich wie ein Blitz: unmittelbar vor mir trat ein Reh auf lagerndes Getreide – eine Ricke. Wird Er ihr folgen?
Dieser höchste Augenblick jagdlicher Spannung fand ein jähes Ende – durchs Getreide ein roter Schimmer: und im Schritt trat der Bock ins helle Morgenlicht, im Begriff, der Ricke zu folgen…

Der heimliche „alte Herr“

In der faulen Zeit der Böcke – im Juni und in der ersten Julihälfte – sind sie gut bei Leibe und nicht mehr so mobil wie im Frühjahr. Man sollte nur wissen, wo man sie suchen muss und sie dort ersitzen. Böcke ziehen und sitzen mit Vorliebe in Waldorten, die eine warme Unterlage – ein dickes Laub- oder Nadelstreupolster – haben. Dort plätzen und schlagen sie auch viel, und an den Plätzbetten und zerschundenen Stämmchen, die auch weiter entfernt zu finden sind, lässt sich ihr Wechsel feststellen. Es gibt Orte, wo sie jahrein, jahraus mit Vorliebe plätzen. Diese Winkel im Revier ziehen den Bock mit unsichtbarer Kraft an – und sie muss der Jäger kennen!
Ein solcher Flecken fiel mir in den Niendorfer Tannen auf. Nur wenige Schritte vom Weg, inmitten von dichtem Laubholz befand sich ein Fichtenschopf von kaum 50 Quadratmetern. Eine fast unauffällige Plätz- und Schlagstelle weckte bei einer meiner ersten Runden im neuen Revier meine Aufmerksamkeit – hier im Inneren des Holzes schien „viel los zu sein!“
Und tatsächlich: der Boden des Fichtenholzes war regelrecht zerplätzt: alte und ganz frische Betten! Ein nicht mehr ganz junger Bock hatte hier wohl gute Arbeit geleistet. Aufgrund der Kleinheit des Fichtenkopfes – abgeschirmt von dichtem Laubholz – schied dort anzusitzen von vornherein aus. Ich stellte fest: der Wechsel führte geradenwegs ins Rübenfeld. Im lehmigen Boden fand sich dann auch seine „Visitenkarte“: starke Tritte an der Feldkante. Dass der Bock auf dem freien Schlag nur bei schwindendem Büchsenlicht erscheinen würde, war mir klar. Es hieß also, vom Weg her einen Krähenfuß in Richtung Fichten zu schneiden.
Drei Tage hielt ich Ruhe, doch länger konnte ich nicht mehr warten, zu groß war die Neugier. Auf meinem Sattelstock hockend, sah ich zwei Abende nichts. Deshalb entschied ich mich für den Morgenansitz. Es wurde hell, es wurde sechs, es wurde sieben Uhr … nichts rührte sich. Doch mit einem Mal wurde es lebendig: junges Laubholz schüttelte sich, wurde gebeutelt – und schon stand der Bock frei… kaum zwanzig Schritt im Krähenfuß. Ganz, ganz langsam hob ich meine 16er Flinte und sah im Zielfernrohr fast glatte, dicke Stumpen…
Im Schuss noch eine kurze Flucht… dann leichtes Schlegeln… dann Ruhe. Ein ganz alter Rücksetzer war's, den ich aus dem dichten Unterholz aufnahm.

Rivalen beim Liebesspiel

Eine Rehbrunft, wie ich sie in ihrer vollen Entfaltung so noch nicht erlebt hatte, ist mir noch ganz deutlich in der Erinnerung, obwohl ich schon so lange dort nicht mehr jage.
An der Maurinewiese, die sich dem Feldgehölz hinter dem Nüsselmoor anschließt, erlebte ich eine Rehbrunft der damals noch außergewöhnlichen Art.
Es war in den ersten schwülheißen Augusttagen. Bereits nachmittags zog es mich dorthin. Ich saß auf meinem Sattelstock an einen Koppelpfahl gelehnt. Nach einer Wartepause, um ringsum Ruhe einkehren zu lassen, versuchte ich, mit einem Strohhalm zu blatten. Und schon nach den ersten Fieplauten ging vom Waldrand her die wilde Jagd los. Bock und Ricke hasteten kreuz und quer über die Wiese – hin und zurück ohne Halt – ein Fiepen und Keuchen… nahe an mir vorbei ging das lautstarke Treiben…
Mit einem Mal war Schluss mit dem Liebesspiel. Beide Stücke taten sich in der Wiese nieder und ließen die Erschöpfung abklingen.
Doch plötzlich begann sie wieder, die wilde Jagd, um dann im Laubholz einzutauchen. Lange brauchte ich nicht zu warten, erneut ging das Liebestreiben los. Doch was erschien da plötzlich vor meinen Augen? Ein Jährling und hinterdrein der mir gut bekannte, starke Sechser-Bock. Hier war „Er“ der „Herr“! Und er trieb den Jährling mehrere Male über die Wiese, bis dieser schließlich im angrenzenden Feld verschwand.
Nach längerer Ruhepause wollte ich mir ein weiteres Schauspiel verschaffen und blattete mit meinem Hubertuspfeifchen – und schon kam er angestürmt, der Bock, doch nicht der Platzherr, sondern ein schwarzstangiger alter Herr. Kaum dass der die Wiese inspiziert hatte, fuhr der Platzherr dazwischen und beendete die Neugier des alten Bockes. Am Bach entlang trieb er ihn und schließlich hinaus aufs Feld. In scheinbar befriedigtem Troll kehrte nun der „Herr des Hauses“ zurück und fiel erschöpft in das hohe Gras der Maurinewiese.
Tags darauf saß ich wieder dort an, wollte mir das Schauspiel der hohen Zeit zwischen Bock und Ricke, das „Hin- und Herhasten“ der Beiden in wechselvollen Bildern erneut ansehen. Schließlich am frühen Abend – auf der Maurinewiese herrschte inzwischen Ruhe – stand plötzlich ein Reh – der Jährling! – auf den vom Treiben der Beiden niedergetretenen Grasflecken und äugte mich an… Jetzt reagierte ich rasch, am Zielstock angestrichen – der Bock hielt all das aus – und raus war die Brennecke – und da lag mein Jährling augestreckt mit fingerlangen, braun gefegten Spießen…
An einem Erlenmaststubben aufgehängt ließ ich ihn erst einmal ausschweißen…

Eine ganze Weile saß ich noch gedankenvoll, verschränkte dann den Bock auf dem Rucksack und machte mich auf den Nachhauseweg. Bei den Niendorfer Tannen dunkelte es bereits, und so erreichte ich schließlich das Dorf.

Mit Hunden und Treibern auf Sauen

Ein Moor- und Schilfgebiet am Rande des Reviers in der Nähe des Flüsschens Stepenitz wurde einmal im Jahr mit Treibern und Hunden auf Sauen durchgetrieben.

Eines Jahres zwischen Weihnachten und Neujahr fand das Treiben bei offenem Wetter mit acht Jägern statt. Mir wurde ein Stand am äußersten Schilfrand zugewiesen mit wenig Sicht ins Treiben und nur mit Schussfeld auf die vor mir liegende Wiese. Der Nachbarsitz stand außer Sichtweite.

Kurze Zeit nach Beginn des Treibens fielen die ersten Schüsse… Danach rumorte es hinter mir im Moor – also waren wohl Sauen ganz in meiner Nähe – und wahrhaftig: da stürmte auch schon eine starke, schwarzborstige Sau neben mir aus der Deckung… und hinterdrein eine ganze Bande Frischlinge… Ich fasste zu – einer strauchelte – auf diese „läppische Entfernung" (so hätte mein Vater gesagt, wenn eine Sau auf 15 Schritt den Stand passierte…) also keine große Schussleistung. Vor mir nun der gut getroffene Frischling. Dann war der Spuk in der Schilfkante verschwunden.

Weitere Schüsse fielen… als schließlich Ruhe einkehrte, dachte ich: „das war's für heute!" Doch weit gefehlt! Das Treiben ging weiter, und vor mir zwischen den Graspulpen stapfte es – ich traute meinen Augen nicht: Die Bache mit ihren Frischlingen kam mir erneut vor die Flinte – schussgerecht wie zuvor. Dieses Mal schwenkte ich mit, schoss – und der erste Frischling stand Kopf – mit dem linken Lauf fasste ich den nächsten…

Er machte noch einige Fluchten ins Schilf, dann war „Hahn in Ruh" – drei Frischlinge bei doppeltem Anlauf der Bache!

Am Sammelplatz konnten sieben Sauen – sieben Frischlinge – verblasen werden.

Die Buntgefiederten

Die Sonne blinzelt dem Frühling zu – sie lacht und verführt und bringt Leben zurück... Drüben im Schilf ein Räkeln und Recken, Kreischen und schwirrendes Schwingenschlagen... Die Buntgefiederten, die Fasane – zumeist der Ringfasan und der Böhmische Jagdfasan – sind erwacht vom trägen Wintergehabe.
Zu dieser Zeit fuhr ich in den Klützer Winkel – eine mecklenburgische Landschaft zwischen den Hansestädten Lübeck und Wismar – um dort das Balzverhalten der Fasane zu beobachten. Diese Landschaft ist durch die Eiszeit geprägt. In den Feldhecken und Schilflöchern bei Harkensee war das Balzgehabe der Fasane hautnah zu erleben und zu genießen.
Ganz stolzmacherisch traten sie auf: „Hier bin Ich – komm' mir nicht zu nah' – bleib' wo du bist!" krächzte Einer dem Anderen zu. Doch keiner hielt sich daran. Waren sie erst so richtig in Fahrt gekommen und hatten sich in sicherer Deckung heiser geschrien, schritten sie heraus wie Toreros, die eine Arena betreten: sie drehten und wendeten sich und kreisten und sprangen in die Höhe...
Da –ganz still steht jetzt der Hahn– er richtet sich auf, wippt mit dem Spiel – und schon hat er Gesellschaft: die Kampfhähne stehen sich gegenüber: der Eine geduckt mit gestrecktem Spiel, der Andere in Kampfstimmung, hoch aufgerichtet der Stoß und aufgestellt die Federohren... Dann geht es Schlag auf Schlag – wie Federbälle wirbeln die bunten Hähne umher, schlagen sich die Schwingen um die „Ohren", greifen mit ihren Ständern zu – und lassen wieder voneinander ab. So geht das fort, bis der mit der weißen Halskrause plötzlich aufgibt und davon streicht. Was heißen soll: Im Augenblick habe ich genug von der Balgerei – doch ich komme wieder! Der andere Hahn schüttelt sich ein paar Mal und verlässt dann ebenfalls die „Arena".
Als sich drinnen im Schilf die Hähne von ihren Plätzen melden, ist alles wieder beim Alten – vorerst! Denn bald werden sie wieder streiten um die Gunst der Hennen, die man kaum wahrnimmt bei so viel Balzgeschrei und heftigen Hahnenkämpfen.

Und so geht es fort bis in den Juni, erst im Sommer kehrt Ruhe ein, da werden die Tage mit der Aufzucht der Jungen, mit Äsen und Umherwandern verbracht. Der Jäger, der im Frühjahr die „Häupter seiner Lieben" gezählt hat, hofft auf den Herbst und dass dann die Schar der Hähne und Hennen gewachsen ist, was die Suche und Streife erlaubt.
Von den Schönberger Teichen hatten sich die Fasane fast unbemerkt bis hoch ins Nüsselmoor und die Niendorfer Tannen verzogen. Das Moor und die Hecken, die kleinen Gehölze und Felder boten damals – Jahre vor dem Bau der Autobahn – alles, was die Fasane zum Leben und Überleben brauchten: Wald und Wasser, Wiesen und Weizen. Mit anderen Worten: sie fanden hier ausreichend Äsung und Deckung. Von der alten Kopfweide, meinem Lieblingsplatz am Rande des Nüsselmoores, sah und hörte ich im Frühjahr dem Balztreiben der Hähne zu und träumte vom Herbst – von der Jagd, vom Durchstreifen der Schilftümpel, der Feldbüsche und Trockenwiesen – und vom lautstarken Aufsteigen der Hähne...

Im Sommer zur Blattzeit sah ich die Hähne auf der Stoppel umher stolzieren, sah sie von den Feldern an der Maurine wieselflink in die Büsche laufen und hörte und sah die Hähne abends aufbaumen…
Dann kam der Herbst, und ich freute mich auf die Suche. Doch der Novembermond ließ die Buntlaubzeit im Regen versinken, und aus der Suche wurde vorerst nichts. Die Wolken zogen dem Regen nach, nachts wurde es kalt, Reif überzog morgens das Land, und am Tag schmolz er dahin… Jetzt kündigte sich die beste Zeit für eine leise Jagd, für die Suche auf Fasan und Hase an.
Fred hatte Zeit, und auch ich konnte von der Arbeit loskommen; und der Kurzhaar „Arko“ freute sich, als wir auf die Räder stiegen und Richtung Niendorfer Tannen los radelten.
Hinter dem Nüsselmoor begann die Suche: Fred ging am Heckenstreifen entlang, ich lief mitten durch die kleine, aufgelassene Wiese… Da gab der Hund ein Achtungszeichen – er stand fest und zog dann noch ein paar Schritte vor… „Ein Hase wird hier in seiner Sasse sitzen…“ dachte ich zunächst… „oder doch einer der Hähne?“ und ging zu… Mit purrenden Flügelschlägen strich der Hahn auf und schräg von mir weg – bautz! – und Überschlag und dumpfer Fall auf den Boden. Wie ich nach einer Patrone griff und der Hund linker Hand nicht von meiner Seite wich, begriff ich: dort kauerte Mümmelmann. Noch eh' ich die Patrone im Lauf hatte, rutschte er aus seiner Sasse und drehte zur Hecke ab. Dort stand Fred – und nach dem zweiten Schuss rollierte der Krumme. Der Hund hatte leichte Arbeit und wurde gelobt, als wär's harte Arbeit gewesen – die konnte ja noch bevorstehen…!
Weiter vorn stießen zwei Heckenstreifen aufeinander – da gockte der nächste Hahn mit lautem Flügelschlag hoch… Beim ersten Schuss stiebten die Federn – mit dem linken Lauf traf ihn Fred. Wie ein Stein fiel der Hahn zu Boden. Als ich durch die Hecke kriechen wollte, flatterte vor mir mit krächzendem „göck-göck“ der nächste Hahn durch die Sträucher. Ich trat rasch ein paar Schritte zurück – doch der Hahn war schneller…
Da hörte ich Fred an der Längshecke mit dem Hund ins Gericht gehen. Ich zwängte mich durch die Hecke und sah noch, wie Fred die Flinte hoch riss – doch gleich wieder sinken ließ. Dann schritt er auf den Hund zu – und hoch war der Fasan – und vorbei der Schuss. Ich lief zu den Beiden hin und lachte: „Zwei von den Böhmischen sind uns entwischt – machen wir's an der Maurinewiese besser!“
Langsam liefen wir am Moor zurück, die Hecke entlang hinunter zum Maurinebach. Arko suchte – und plötzlich stand er fest vor. Ich ging drauf zu – und hoch stieg der Hahn und fiel im Schuss kopfüber zu Boden. Weiter suchten wir – Arco diesmal an Freds Seite… Da – Schuss und wieder Schuss! Das galt Meister Lampe, der aus der Hecke flüchtete. „Bring – Apport!“ hörte ich Fred's Stimme… Unten an der Wiese legten wir Strecke: drei Fasane und zwei Hasen nahmen wir von unseren Rucksäcken und schüttelten uns gegenseitig die Hände. Kann ein Novembertag im Niederwildrevier für den Jäger schöner sein?

Reizjagd auf den roten Freibeuter

Das große Feldgehölz gegenüber den Niendorfer Tannen im Schönberger Land gehörte in der Zeit, als ich dort jagte, zu meinen Lieblingsorten, nicht nur der Sauen und des Rehwildes wegen – vor allem aber im Winter zur Jagd auf den roten Schelm. Das Feldgehölz wird von dem Flüsschen Maurine durchflossen. Meinen Winteransitzplatz auf den roten Freibeuter hatte ich in der Nähe vom Ufer gewählt.
Das Abspüren nach einer Neuen offenbarte das Begängnis: überall fanden sich Reineckes Hinterlassenschaften. In Ufernähe mit Blick auf die Wiese vom Wald her und das rechter Hand ansteigende Feld und auf das gegenüber liegende Ufer hatte ich meinen Ansitzplatz ausgesucht. Ein Strauch gab mir Deckung und behinderte mich nicht beim Schießen.
Eingehüllt in meinen Schneemantel hockte ich dort nach einer Neuen bereits weit vor Mitternacht und hoffte auf die Dinge, die sich ereignen würden: das Anlaufen der Füchse nach „Mümmelmanns Klagelauten"...
Der Mond war noch schwach, doch der Schnee gab genug Licht, kaum dass ich den ersten Fuchs kauzen hörte – immer näher kam das heisere Bellen. Ein Rüde, der nach einer Fähe sucht – dachte ich und probierte das Reizen mit dem Arzneifläschchen – drehte den angefeuchteten Korken im Flaschenhals... Da kam er auch schon aus dem Feldgehölz auf die freie Wiese gezogen! Nur keine Bewegung! ermahnte ich mich innerlich und hielt die 16er Flinte schussbereit in der Hand. Und wie erhofft, schnürte Reineke zum Ufer... kam näher und näher... Als er quer vorbei trabte, machte ich Dampf – und mein Füchschen lag ausgestreckt im Schnee...
Ganz still blieb ich sitzen... hoffte auf einen weiteren Anmarsch von Reinekes Sippe. Nach einer Pause machte ich den nächsten Versuch mit dem „Zauberfläschchen". Doch es dauerte geraume Zeit, bis meine ausgesandten „Meister-Lampe-Klagerufe" Erhörung fanden. Da sah ich am gegenüber liegenden Ufer einen Fuchs entlang schnüren. Als er auf meiner Höhe war, riss ich Funken – und auch er machte sich lang, auch er blieb im Schnee...
Der erste Fuchs, den ich aus dem Schnee aufnahm, war ein nicht mehr ganz junger Rüde. Der zweite vom anderen Bachufer war eine junge Fähe.
Trotz schneidender Kälte wollte ich aber noch ein Weilchen bleiben ... drüben am Waldrand raschelte es, und schon standen die Schwarzkittel in der Wiese! Sie näherten sich, kamen aber nicht in den Schussbereich meiner Flintenrohre, sondern zogen schnurstracks ins Feld hin zum alten Maisacker...
Plötzlich kauzte wieder ein Fuchs. Als ich auch ihn wieder mit den Klagerufen lockte, näherte er sich zwar, machte dann aber unversehens kehrt und suchte das Weite. Fortflüchten sah ich den dunklen, langen Schatten... Aber einige mondhelle Schneenächte lagen ja noch vor mir.
In den drei Wintern, in denen ich dort jagte, brachte ich es mit der Hasenklage auf zwölf Füchse. Weitere sieben kamen schließlich noch hinzu vom Luderplatz bei der Kopfweide am Nüsselmoor unterhalb der Niendorfer Tannen.

Das Heiderevier Klinge in der Niederlausitz

Als das Ende der Assistentenzeit näher rückte, hieß es für mich: „Wie nun weiter mit der Jagd?" Bereits nach Abschluss des ersten Studiums hatte ich es mir in den Kopf gesetzt, ein weiteres Studium aufzunehmen. Und das wurde Wirklichkeit – den Wahlspruch des großen Komponisten Georg Friedrich Händel: „Man soll lernen, was es zu lernen gibt, und dann seinen Weg finden!" machte ich mir zu eigen. Dies zog u. a. einen Wohnortswechsel nach sich. Ich zog also mit Familie in die Niederlausitz. Ganz wichtig war natürlich für mich, eine neue Jagdmöglichkeit zu finden.

In der Nähe von Cottbus fand ich sie: ich wurde in die Jagdgruppe Klinge aufgenommen. Bei einer Revierfahrt erklärte mir der Jagdleiter das Revier und seine Grenzen: ein Feldgehölz-Wald-Wiesenrevier, umgeben von geschlossenen Kiefernforsten. Einige Revierteile fielen mir besonders auf – dort könnte ich jagen auf Rehwild, Sauen und Füchse.

Im Jagdwaffenstützpunkt des Jagdleiters stehe eine 12er Flinte mit sechsfachem Zielfernrohr bereit oder – falls diese gerade an einen anderen Jäger ausgeliehen wäre – auch eine 16er Flinte. Ein Jäger aus der Nachbarschaft bot sich an, zu meinem ersten Ansitz mit mir ins Revier zu fahren, um mich dabei mit Revier-Besonderheiten vertraut zu machen. So z.B. sei der Hasenbesatz gut, auch dass einige Rebhuhnvölker im Revier wären, ohne dass der Fuchs intensiv bejagt würde. Auch würde das Gebiet um Klinge als Tagebau-Folgegebiet ausgewiesen, zwar sei der Beginn dafür noch nicht bekannt, doch seien schon einige Dörfer im Umfeld aufgegeben worden… Dieses neue Jagdrevier war somit ein „Jagdrevier auf Zeit"! Nachdem ich beim Jagdleiter die 12er Flinte mit sechsfachem Zeiss-Jena-Zielfernrohr gegen Unterschrift empfangen hatte, nahm ich zu meinem ersten Frühjahrsansitz den Nachbarjäger mit zum Abendansitz. Er hatte sich angeboten, mich auf Reviereinzelheiten aufmerksam zu machen. Er wies mir einen Hochsitz, eingebaut in eine alte Kiefer, mit Abstand zum Nachbar-Jagdgebiet an der Westseite eines Feldgehölzes zu. Er selbst wollte auf der Wiesenseite des Feldgehölzes an einer Baumhecke ansitzen. Wir verabschiedeten uns mit „Weidmanns Heil!" Der Sitz an diesem Ort gefiel mir auf den ersten Blick: vor mir ein lang gestreckter Wiesenflecken, dahinter die verwachsene Waldkante zum Nachbarrevier. Hier „roch" es förmlich nach Rehwild…

Wie ich so saß und mein Blick die Landschaft vor mir überflog, kam Bewegung gegenüber auf – augenblicklich war ich hellwach: das mussten Sauen sein… Doch am Waldrand erschien ein Reh, äugte und sicherte unentwegt – im Glas erkannte ich einen starken Bock. Am Ende der Wiesenschlenke trat er ins Freie. Auf 40…50 Schritte hätte ich ihn bequem zur Strecke bringen können… doch als neuer Jäger hier im Klinger Revier bezwang ich mich vorerst noch. Also beobachtete ich das Rauhbein, das noch nach dem 16. Mai viel Grau in der Decke hatte. Der Bock zog weiter in das Feldgehölz und wechselte auf der anderen Seite in die Wiesen. Auch von meinem Mitjäger, der gegenüber an den Wiesen ansaß, fiel kein Schuss.

Diesem ersten Ansitz folgte dann das Palaver über das Erlebnis. Als ich ihm von dem Bock erzählte, tadelte er mich fast: „es hätte doch dein Erster sein können… wir haben hier noch

viele Böcke zu schießen... bitte erzähle das nicht dem Jagdleiter, er will Strecke sehen und verbuchen können – egal ob Jährling oder älteres Semester. Morgen früh kannst du ja hier wieder ansitzen. Und wenn du willst, gehen wir auch morgen Abend wieder auf Ansitz!"
Am nächsten Morgen fand ich mich noch im Dunkeln an der Kiefer ein. Doch erst am späten Vormittag kam der Erwartete angetrollt. Ohne seinen Troll zu unterbrechen, verwand er im gegenüber liegenden Grenzbereich.
Am Abend fuhr ich allein bei frühlingshaftem Wetter zu meinem Kiefernsitz und nahm Platz im Kronenbereich. Nach etwa einstündiger Wartezeit erschien der Bock an der Grenzseite, sicherte ausgiebig und trat dann auf die Wiese. Als er sich nach etwa 30 Schritt quer stellte, nahm ich ihn ins Zielfernrohr, wartete noch bis er völlig frei stand – dann krümmte ich den Finger – raus war der Schuss – und fort raste der Bock, um schließlich am Stamm meiner Kiefer zusammen zu brechen...
Lange hielt ich es nun auf der Kiefer nicht mehr aus, baumte ab und lief zum Bock – aus dem Gras hob ich das Haupt mit einem Gehörn – fast schwarz, endenlos und gut lauscherhoch – mein erster Bock aus der Lausitzer Heide! – Später dann nach dem Abkochen des Gehörns zeigte es der Unterkiefer: einen mindestens achtjährigen Bock hatte ich auf die Decke gelegt! Mein Jagdleiter gratulierte mir mit einem kräftigen „Weidmanns Heil!" Es folgten die Formalitäten – der Wildversorgungsschein und dann ab in die Kühlzelle...
Mit dem Abschuss des alten Bockes hatte ich Platz geschaffen für einen jüngeren, der hier bald den „Platzherrn" spielen würde ...
Nun nahmen wir den zentralen Revierteil ins Blickfeld. Noch war Frühling, jetzt galten unsere Ansitze den Jährlingen. Wir fuhren Richtung Selesnik-Teiche.
Am Feldgehölz gegenüber den Teichwiesen hatten wir unsere Ansitzplätze – kleine offene Kanzeln, die mein Mitjäger gebaut hatte. Am Abend sahen wir Beide nur Rehe, die aus dem Gehölz rasch ins Feld zogen. Am anderen Morgen wollte ich auf dem mit Sträuchern bewachsenen Weg von einem Feldholz zum anderen pirschen. Ich hoffte, den einen oder mehrere Spießer beim Zurückwechseln anzutreffen. Und kaum, dass ich die Wiese vor dem ersten Feldgehölz – wo ich am Abend zuvor angesessen hatte – pirschend erreichte, stand da ganz frei im niedrigen Gras ein Reh! Ein Jährling, wie sich beim Blick durch das Gras herausstellte. Da zögerte ich nicht lange, als ich den Bock in der Blattgegend im Absehen hatte... ich strich am Zielstock an und riss Funken – nur ein ganz leiser Knall und kein Nachbrenner... der Bock indes nahm davon gar keine Notiz. Ich nahm die Flinte ab – öffnete sie – sah durch den rechten Lauf – und der war zu! Die Brennecke steckte nur ein ganz kurzes Stück im Lauf...
Von einen Haselstrauch in der Nähe schnitt ich einen dünnen Ast ab, säuberte ihn und schob ihn in den Flintenlauf – ich spürte Widerstand – drückte kräftig zu – und heraus fiel die Brennecke – damals noch ohne Laufwerk nur in einer gelben Papphülse. Eine andere Patrone, deren Bleipfropfen fest in der Hülse saß, steckte ich in den rechten Lauf – um nun die Probe auf's Exempel zu machen. Also pirschte ich zurück – und siehe da: der Jährling hatte zwar den Platz gewechselt, war eine kurze Strecke weiter gezogen – doch den „Wirkungsbereich" meiner Flinte hatte er nicht verlassen.

Wieder strich ich am Zielstock an. Der Zielstachel stand im Blattbereich. Dieses Mal brach der Schuss wie erhofft.
Raus war die Brennecke – und rücklings fiel der Bock ins Gras…
Dieses Mal saß „der Schuss wie abgezirkelt kurz hinter dem Blatt!“ Der Einschuss war „daumennagelgroß“… Der Bock: ein halbfingerlanger, unbefegter Spießer. Am Wegrand brach ich ihn auf und hing ihn zum Ausschweißen in eine Strauch-Astgabel …
Mit noch drei Brennecken in der Tasche pirschte ich weiter – noch herrschte „pirschgerechte Zeit“! Am nächsten Feldgehölz erblickte ich auf gute Schussentfernung zwei Stück Rehwild. Beim Blick durch das Glas erkannte ich einen Jährling mit zwei kleinen unbefegten Spießen zwischen den Lauschern. Das zweite Stück mochte ein Schmalreh sein oder eine schwache Ricke. Ich nahm den Jährling ins Fadenkreuz, und als der Zielstachel gut stand, warf ihn der Schuss ins Gras…So verlief dieser Pirschmorgen – drei Patronen und zwei Jährlinge auf der Strecke.

Mittsommerreigen

Unter dem Zeichen des Sirius hatte sich späte Julihitze eingestellt. Schwer atmete das Land unter der drückenden Sommerglut, glanzlos und müde gab sich das Leben. Alles dürstete nach Erlösung von diesen Hundstagen – nur nicht der Jäger – er weiß von einem Zauber, den die Mittsommertage für ihn bereit halten.
Die Rossower Wiesen – eingerahmt vom Hochwald – grüßten am Ende des kleinen Moores, bestanden mit Birken und Kiefern-Jungwuchs, an das Cottbuser Nachbarjagdgebiet angrenzend. Dem Grenzgraben schloss sich am Ende des Moores eine lange Wiesenschlenke an. Auf diesen Wiesen erlebte ich in jenen Jahren viele Rehbrunften in unterschiedlicher Intensität. Gern erinnere ich mich noch an einige lebhafte, jagdlich erfolgreiche Rehbrunften mit einem Sechser, einem schmucklosen Rücksetzer und einem Achter. Noch heute nehme ich diese Gehörne gern in die Hände.
Fernab vom Dorf, auf jenen Rossower Waldwiesen – teils in menschlicher Obhut, teils sich selbst überlassen – fühlte sich das Rehwild sicher und ob der zahlreichen Kräuter so wohl,, dass es sich vom Frühjahr an den lieben, langen Tag auf diesem ruhigen Winkel herum trieb. Und erst jetzt – inmitten hoher Zeit herrschte hier ein buntes, abwechslungsreiches, ein unterhaltsames Treiben – ein Kommen und Gehen, ein Hasten und Rennen. Zarte Aufforderungen wechselten mit ernsten Zwiegesprächen, derben Stößen folgten zornige Flüche…
Der gehörnte Waldschrat hielt jetzt nichts mehr vom geruhsamen Dasein; ihn lockten die schlanke Waldprinzess und die grazile Rehdame. In voller Fahrt ging es nun keuchend und fiepend durch den Busch und über die Wiesen, kreuz und quer – hin und her, bis die wilde Jagd in leisen, verhaltenen Schritten verstummte. Nur die Hexenringe, die Schleifen und Schlingen verrieten dem Jäger, dass hier das hochsommerliche Ritual des Rehwildes zwischen Ricke und Bock während des Hundstagszaubers stattfand.
Dorthin, auf die Haupt- und Nebenwiesen, zog es mich nun schon Tag für Tag – trotz unbändiger Hitze, trotz Schnaken- und Fliegenplage. Nicht ausschließlich der Böcke wegen, mehr dem Reiz der Rehbrunft mit all ihren Überraschungen zuliebe und besonders der Stimmung halber, die die Rehbrunft hervor zu zaubern vermag.
Die Rossower Wiesen gehörten vormals – als der Braunkohlenbagger sich ihrer noch nicht bemächtigt hatte – ganz und gar nicht zu den langweilig nüchternen, vom Holz gradlinig begrenzten Futterschlägen. Vielmehr waren es wellige, leicht abschüssige, durch Laubholzvorsprünge verstrauchte Einbuchtungen, durch Sträucher und alte Bäume gezeichnete, geheimnisvolle Winkel. Kurzum – für das Wild eine Idylle und für Augen und Seele des Jägers ein Arkadien – einladend zum Verweilen.
Als ich des Windes wegen im Begriff war, den Wiesenweg von der nördlichen Seite her in den Blick zu nehmen, hörte ich links neben mir hinter vorspringenden Büschen heftige Plätzgeräusche – kräftiges Schlagen am Strauchwerk und Sekunden später fortwährendes Keuchen und lautes Fortpreschen hin zur Wiesenmitte, so hörte es sich an – doch alles für mich unsichtbar. Eine Ricke mochte ihn aufgefordert haben, so plötzlich drauflos zu stürmen.

Den Drilling unterm Arm schob ich mich sacht um die Kusseln und Sträucher herum und sah nun mehr und mehr von der Wiese – doch weder Bock noch Ricke... Irgendwo im Gras, für mich unsichtbar, mochten sie jetzt still verharren, hatten sich nach einem kurzen Intermezzo bereits nieder getan.
Doch mich drängte nichts, ich hatte Zeit, konnte also geduldig warten, bis sich die wilde Jagd wieder in Gang setzen würde. Wenigstens sehen wollte ich, welcher von meinen Herren Böcken hier am Wegesrand sein Liebesspiel trieb. So klappte ich meinen Sattelstock auf, drückte mich in die Sträucher und wartete auf das sich wiederholende „Zwischenspiel", von „Abgesang" konnte noch keine Rede sein.
Allzu lange wurde ich dann auch nicht im Ungewissen gelassen. Plötzlich tauchte in hoher Flucht ein Reh aus der Graswildnis auf, um sich aber auch gleich wieder zu ducken. Der Ricke folgte der Bock mit der gleichen Spielerei. Und schon raste das Paar los – von mir weg – dann im Bogen wieder auf mich zu – mit rascher Wendung ein Stück zurück – um gleich darauf an mir vorbei ins Holz zu hetzen, dass es da drinnen nur so knasterte. Und wieder kam das Keuchen und Fiepen näher... und wieder wendete sich der Reigen in den schützenden Wald zurück... Dort verstummte die wilde Jagd...
Minuten vergingen... nichts rührte sich mehr. Jetzt erst bemerkte ich, wie heiß mir war. Der Schweiß lief in Bächen, die Mücken plagten mich – doch das gehört ja dazu wie das Salz in die Suppe. Was wäre wohl eine Rehbrunft wert, die der Jäger aus einer klimatisierten Glastruhe heraus betrachten würde? Und was wäre der Jäger wert, der diese aufwendige Bequemlichkeit bevorzugen würde?
Auf den ersten Blick hin erkannte ich, wer da vor meinen Augen seine Sommerfreuden genoss: ein alter, gerade noch lauscherhoher, kurz vereckter Sechser, kein aufregendes Gehörn – von Krone ganz zu schweigen. Im Frühsommer hatte er noch an ganz anderer Stelle seinen Einstand...
Wie ich so über jenen Niederlausitzer Heidebock nachsann, der mir auf einer Morgenpirsch im Frühjahr bis auf ganze fünf Schritte entgegen trollte... etwas später dann nach einem zu früh abgebrochenen Morgenansitz plötzlich vor mir hoch wurde und aus sicherer Deckung heraus mit Stentorstimme seinen Unmut über die Störung kund tat – knackte es ganz leis' neben mir.... Und da kam „Er" auch schon ganz bedächtig daher gezogen – Hals und Kopf weit vor gestreckt... Er schwenkte dem hohen Wiesengras zu und verhoffte etwas, mehr teilnahmslos als gespannt aufmerksam – drehte sich mit zwei umständlichen Schritten mir zu, stand nun völlig frei und zeigte mir sein volles Blatt! Er schien sich bei der Ricke vorläufig gesättigt zu haben und suchte nun wohl die Ruhe im hohen Gras...
Doch das erreichte er nicht mehr – ein Allerweltsbock war's, der plötzlich auf der Decke lag. Einer von denen, deren Gehörne auf Trophäenschauen nur flüchtige Beachtung finden. Schmucklos und vom Alter gekennzeichnet sein Gehörn, glatt und perlenlos die Stangen, dachförmig und eingeschnürt die Rosen...
Und die Rosenstöcke verrieten es: vor drei oder vier Jahren hatte dieser Bock zu den braven Platzböcken in der Rossower Heide gezählt!

Die Rossower Wiesen

Das Besondere an den Rossower Wiesen waren zwei Gebäude am Waldrand – ein Wohnhaus und ein Wirtschaftshaus. In der offenen Dachbodenspitze hauste ein Schleiereulenpärchen. Gern beobachtete ich die Tiere eine Weile, wie sie so ganz still hockten, um dann am späten Abend auf Beutefang abzustreichen. Alte Kastanienbäume umsäumten das Anwesen. Vor langer Zeit hatte sich dort eine Gastwirtschaft befunden, hier rasteten die Spaziergänger, die die Wiesen besuchten. Doch zu meiner Zeit war die Gastwirtschaft längst aufgegeben. Die ehemaligen Wirtsleute, nun bereits im hohen Alter, lebten aber noch immer dort.

Kam ich im Sommer auf dem Weg zu meinem Ansitz dort vorbei, saßen sie auf der „Vorbei-Bank", stets grüßte ich sie im Vorübergehen… Dabei ging mir die Geschichte von Philemon und Baucis durch den Kopf…wundervoll beschrieben in dem Buch von Peter Bamm „An den Küsten des Lichts", immer wieder nahm ich das Buch gern zur Hand…

Doch eines Tages saß die Frau nur noch allein auf jener Bank…

In dem zauberhaften Märchen, das der römische Dichter Ovid in den „Metamorphosen" erzählt, sind es Zeus und Hermes, die als unerkannte Wanderer von Philemon und Baucis gastfreundlich aufgenommen werden. Zeus gibt sich zu erkennen und gewährt den beiden Alten einen Wunsch. Was wünscht sich nun ein greises, in Frieden miteinander lebendes Paar? Dass keiner der anderen überlebe, dass sie zusammen sterben möchten! Als dann ihre Zeit gekommen war, verwandelte Zeus Philemon in einen Nussbaum und Baucis in eine Linde. Und es bedurfte nur eines leisen Windhauchs, um die Blätter der beiden Bäume mit einander flüstern zu lassen… Dieses Märchen hat mich damals stark berührt. Bei so manchem Ansitz auf Sau und Fuchs ging es mir durch den Sinn…

Dem nördlichen Waldstück, das die Rossower Wiesen begrenzten, schloss sich ein kleines Wäldchen mit unterschiedlich hoch gewachsenen Kiefern und Birkenjungwuchs an. Nach einem sich anschließenden Wiesenfleck dann ein Feld mit kleinen parzellierten Wiesen durchzogen.

An dem Jungwuchs hatte ich einen hohen Sitz, eine bequeme, offene Kanzel. Hier saß ich oft im Herbst, um weibliches Rehwild zu Strecke zu bringen, das abends ins Feld wechselte oder morgens den Wechsel zurück nahm, um im locker bewachsenen Jungwuchs seinen Tageseinstand zu nehmen. Im Frühjahr und Frühsommer saß ich dort einmal auf Jährlinge an. Wenn der Jagdleiter im Urlaub war, drückte er mir – anstelle der 12er oder 16er Doppelflinte – die meistens nur von ihm geführte Bockbüchsflinte in die Hand. Übers Zielfernrohr – sechsfaches Zeiss-Glas – schoss sie mit der Brennecke auf 90…100 m Fleck. Natürlich wollte ich das gern ausprobieren, also die „Probe auf's Exempel" machen.

An einem Frühlingsabend trat bei noch gutem Licht ein Jährling aus der Deckung und wechselte in die Wiesen. Ich strich am Kanzelholm an, wartete bis er sich quer stellte und kein Hindernis ihn deckte – dann stach ich ein, und wie der Zielstachel gut stand, berührte ich den Züngel – im Schuss stürzte der Bock…! Beim Zugriff zeigte es sich: ein sauberer Blattschuss! War das ein Zufall oder hatte der „schwarze Jäger" hier seine Hand im Spiel gehabt?

Da ich einen guten Rehwildabschuss vorzuweisen hatte, erlaubte mir der Jagdleiter, einen Gast auf einen Rehbock einzuladen. Auf eine solche Gelegenheit hatte ich insgeheim schon gewartet. Ich bot einem mir gut bekannten Dozenten – auch er ein Jäger, doch hatte er wenig Gelegenheit auf Böcke zu jagen – die Einladung an. Freudig sagte er zu. Mit einem gewissen Hintergedanken hatte ich hatte diese Einladung allerdings ausgesprochen. Der Bekannte jagte häufig in der Magdeburger Börde, wo es zu dieser Zeit noch Hasen über Hasen gab. Als nun die Zeit seines Besuches näher rückte, sprach er seinerseits davon, dass die „Bock-Einladung“ verbunden sei mit einer Einladung zur großen Hasen-Treibjagd, eine Gelegenheit die ich zu gegebener Zeit mit Freuden wahrnahm.
So fuhren wir zum ersten Abendansitz zu jenem Hochsitz, von dem aus ich im Frühjahr den Jährling mit der Brennecke auf gut 100 m zur Strecke gebracht hatte. Eine Stunde mochten wir dort gesessen haben, als aus dem niedrigen Kiefernwuchs ein Reh ins Freie trat. Im Glas erkannten wir einen geringen, kaum vereckten Sechser – ich gab meinem Bekannten ein Zeichen: „Der passt!“ Er strich die Flinte am Holmen der Kanzel an … visierte kurz … und raus war der Schuss! Der Bock machte ein paar Fluchten und verhoffte dann wieder … „Kein Kunststück zu treffen!“ flüsterte ich – und er schoss den linken Lauf ab. Doch weder die Brennecke noch der Knall interessierten den Bock – ab sprang er in die Deckung. Und so ging das an anderer Stelle noch einige Male.
Danach bedankte sich mein Jagdfreund für die Gastfreundschaft und stieg in seinen Trabant, doch er vergaß nicht zu sagen: „Die Einladung zur Hasenjagd im Herbst besteht!“

Hasenjagd in der Magdeburger Börde

Und er hielt sein Wort – gleich mehrere Einladungen zu Hasenjagden in der Magdeburger Börde – hier wurden schon zu „Kaisers Zeiten“ Hasenjagden veranstaltet! – flatterten auf meinen Schreibtisch. Natürlich war ich hoch erfreut.
Bei der ersten Jagd lagen bereits über 800 Hasen auf der Strecke – ich brachte es auf 25 Stück. Die beiden Treiber rechts und links neben mir waren nur damit beschäftigt, die getroffenen Hasen einzusammeln. Nach jedem Kesseltreiben wurde Strecke gelegt und die Zahl der erlegten Hasen ins Streckenbuch eingetragen. Auch Alterskontrollen wurden bei den Hasen durchgeführt.
Nachdem ich mich am Treffpunkt – einer Gaststätte – dem Jagdleiter vorgestellt hatte, konnte ich mir eine Flinte aus einer großen Zahl, die auf einem Billardtisch aneinander gereiht lagen, heraussuchen. Bei der anschließenden Registrierung nahm ich gegen Unterschrift die Patronen in Empfang – zunächst zwei Kartons zu je 25 Stück. Weitere konnten nachgefasst werden.
Schon beim Auslaufen des ersten Kessels sprangen Hasen über Hasen auf – ganze Pulks liefen uns vor die Flinten. Mitunter kam ich nicht zu Schuss, so dicht gedrängt hasteten sie auf Schussentfernung an mir vorüber… Auf die Nachzügler, die mich zu zweit oder zu dritt anliefen, kam ich dann aber zu Schuss!
Einmal hatte ich nach dem Schließen des Kessels einen Stand auf einem erhöhten Punkt. Von hier aus ging es zur Kesselmitte. Unglaublich der Hasenbesatz! Der Augenblick war noch nicht erreicht, als es hieß: „Treiben in den Kessel!“ – waren mir die Patronen ausgegangen… Mein Treiber neben mir ging zum Nachbarschützen und holte für mich Nachschub…
Als dann das Signal kam: „nur nach außen schießen!“ zeigte sich meine Fertigkeit im Flüchtigschießen – ein Hase nach dem anderen machte Kopfstand. Am Streckenplatz dann das „Jagd-Palaver“: „Kein Wunder, deine große Strecke – du hattest beim Schießen des Kessels den „Kaiser-Stand“!
An fünf solcher Hasenjagden nahm ich insgesamt teil. Fast immer betrugen die Strecken an die 1000 Hasen.

Freizeitgestaltung unter Studenten

Gegen Ende des Studiums zeigten meine Internatszimmergenossen plötzlich jagdliches Interesse: Ich solle doch mal einen Hasen schießen, den wir in der Etagenküche braten könnten, um ihn danach gemeinsam mit Genuss zu verspeisen.
Ich nahm diese Aufforderung beim Wort, brachte auf Ansitz einen Hasen zur Strecke und nahm ihn mit auf unsere Studentenbude. Meine vier Kumpel staunten nicht schlecht, als ich den Hasen aus dem Rucksack, d. h. aus der Schweißeinlage zog. Ordnungsgemäß balgte ich den strammen Mümmelmann ab und zerwirkte ihn – seine Innereien landeten fein säuberlich im Abfallkübel. Der Balg wurde mit dürrem Gras ausgestopft und auf dem Dachboden zum Trocknen aufgehängt.
Inzwischen hatten in der Küche die Freunde das Braten übernommen – so recht und schlecht… Studentinnen unserer Seminargruppe wollten wir nicht mit einbeziehen – der Braten hätte sonst nicht mal für uns vier Männer gereicht. Als er nun so halbwegs gar war, begann der Hasenschmaus – er wurde natürlich mit reichlich Bier hinunter gespült. Um ein Jagdessen waren wir Vier nun erfahrungsreicher. Doch es folgte noch ein Nachspiel, wie es nur Studenten ersinnen können:
Im Nachbarinternat wohnten junge Studentinnen. Einer von ihnen, einer auffälligen Schönheit mit schwarzer Lockenpracht, galt das besondere Interesse der Männer. Im Dachboden dieses Hauses suchten wir das passende Fenster und ließen am Strick den ausgestopften Hasenbalg vor dem Zimmerfenster jener nicht wenig erstaunten Mitstudentin herab. Von gegenüber beobachteten wir dann das weitere Geschehen… Der Hasenbalg wurde bald bemerkt – doch wohl als solcher nicht erkannt. Die schwarzhaarige Schöne streckte ihre Arme aus, um den Störenfried zu fassen. Doch da schwebte der Balg nach oben …. glitt aber sachte wieder abwärts… dieses Spiel machten wir einige Male. Die Schöne gab schließlich auf – und als das Fenster sich nicht mehr öffnete, ließen wir das Monstrum noch eine Weile vor dem Fenster baumeln. Erst als sich unsere Mitstudentinnen auf den Weg zur Mensa machten, beendeten wir den Schabernack. Noch lange hatten wir unseren Spaß an diesem Spaß…

Jagen während meiner Zeit an der Berliner Humboldt-Universität

Als ich nach meinem zweiten Studium an der Berliner Humboldt-Universität „Unter den Linden“ – einer Lehrstätte mit großer Geschichte! – tätig war, hielten sich meine Revieraufenthalte in meinem Lausitzer Revier zunächst in Grenzen. Lehrveranstaltungen – also Vorlesungen – mit denen mich mein Professor betraute, mussten vorbereitet werden. „Aus den Ärmeln“ konnte ich sie noch nicht schütteln… später gelang mir dies dann ohne große Mühe. Doch wusste ich mir immer Zeit zu verschaffen, um wieder auf Jagd zu gehen.
Wieder einmal kündigte sich die vom Jäger ersehnte Mondzeit – bestes Herbstmondwetter – an, doch ich war an die Vorlesungen in der Uni gebunden. Ich sehnte mich nach meiner Ansitzleiter am Rossower Moor und dachte: „Ganz sicher brechen jetzt nachts die Sauen auf den Rossower Wiesen… Doch zwei Tage vor dem Wochenende musste ich noch nachmittags Vorlesungen für das 5. Studienjahr halten im Hörsaal über dem Naturkunde-Museum. In der ersten Vorlesungsstunde war der große Hörsaal voll besetzt. Als ich eintrat, zum Katheter ging und mein Vorlesungsmanuskript ausbreitete, streiften meine Augen über die voll besetzten Hörsaalbänke. Und ich entdeckte in den sichtfreien Taschenablagen beiderseits hinein gestopftes Knüllpapier in großer Menge. Nach der Begrüßung machte ich meinem Unmut Luft über diese Papierhinterlassenschaften vermutlich mehrerer Vorgängergruppen. Ich gab der Erwartung Ausdruck, dass diese Knüllpapier-Ansammlung in die dafür bereit gestellten Körbe zu befördern sei.
Als ich nach der Pause den Hörsaal wieder betrat, empfing mich – im Gegensatz zum sonst üblichen „Geschwätz“ – eine „knisternde Stille“… und was erblickten meine Augen? Vor dem altmodischen Katheter-Pult türmte sich ein sorgfältig aufgeschichteter Papierhaufen! Meine Reaktion: „Ein origineller Schabernack! Dieser geniale Einfall könnte aus meiner eigenen Studentenzeit stammen! Mein Kompliment an die Herren der Schöpfung – oder haben die Damen auch mit Hand angelegt? Ich denke, in der nächsten Pause verschwindet der Papierhaufen im dafür vorgesehenen Korb!“ – das große Lachen brach aus, und ich hatte die Studenten auf meiner Seite!
Mein letzter Satz am Ende dieser Vorlesungsstunde: „Ich bin zu einer Vortrags-Tagung eingeladen – die Vorlesungen der nächsten beiden Tage müssen deshalb verschoben und zu einem späteren Zeitpunkt nachgeholt werden!“ („Ausfallen lassen!“ ging es raunenhaft durch die Reihen…). Doch ich war in Gedanken schon auf der Pirsch…
Immer wieder musste ich „Zeit gewinnen“ für meine Mondschein-Ansitze im Jagdgebiet Klinge…
Und so saß ich wieder einmal abends bei noch gutem Mondlicht auf meinem Hochsitz am Rossower Moor. Wolken kamen auf und drohten den Mond zu verdecken. Da vernahm ich Sauen durch Buschwerk und Jungkiefern ziehen, um auf den Wiesen zu brechen. Die ersten Stücke zeigten sich im Freien: eine Bache mit starken Frischlingen – das war meine Jagdstunde – wie man sie sich als Jäger wünscht. Als einer der Frischlinge etwas abseits und noch quer

zu mir stand, funkte ich mit dem rechten Flintenlauf… Die Sauen schreckten zusammen – eine schlegelte – die anderen flüchteten… doch nicht zurück, auch nicht in Richtung Feld, sondern sie verhofften kurz, und die Bache orientierte sich… Das genügte – schon hatte ich einen weiteren Frischling im Absehen, und im Knall stürmte die Bache mit ihren verbliebenen Frischlingen Richtung Feld.
Der kleine Schwindel mit dem Ausfall der Vorlesungen hatte mir eine schöne Mondnacht beschert, und am Moorsitz lagen zwei kräftige Spätherbst-Frischlinge.

Jagen im zukünftigen Tagebau-Gebiet

Als das Braunkohlen-Tagebaugebiet Jänschwalde beschlossene Sache und die Grenzen abgesteckt waren, fielen diesem „Projekt" außer meinem Jagdgebiet im Umfeld auch mehrere Ortschaften zum Opfer. Im Zeitraum 1974 – 1976 wurde der Tagebau südlich des Ortes Grötsch bei Heinersbrück aufgeschlossen und erweiterte sich von da aus in südlicher Richtung bis nach Klinge an der Bahnstrecke Cottbus > Forst. Das war nicht nur ein Eingriff in die Landschaft sondern vor allem in gewachsene Sozialstrukturen und Lebensbereiche der Bevölkerung.
Auf die Jagd in diesem Gebiet hatten diese Vorgänge zunächst noch keine Auswirkungen, da der Tagebau-Aufschluss mit der Verlegung von Rohrleitungen zum Abpumpen des Grundwassers begann. So durchzog zunächst ein Rohrleitungsnetz das Revier. In dieser ersten Phase bewirtschafteten die landwirtschaftlichen Betriebe noch ihre Felder. Diese wurden zwar noch bestellt, dann allerdings nicht mehr beerntet. Das Getreide blieb auf dem Halm – für das Wild, insbesondere für das Niederwild, entstand damit ein „Schlaraffenland".
Der Fuchsabschuss wurde kaum ausgeübt, und mit Fangjagd gab sich kein Jäger ab. Und ganz ohne Zutun der Jäger erholte sich nicht nur der Hasenbesatz sondern auch der der Rebhühner.

Rebhühner und Hasen

Hier und da sah ich ein Volk Hühner bzw. sie machten sich hoch, wenn ich auf den aufgelassenen Feldern nach Hasen suchte. Im Frühjahr dann Paarhühner weit und breit.
Da das Revier in absehbarer Zeit verloren sein würde, machten wir Anfang September noch ein paar Streifen auf Hühner. Bisher waren diese für die Jagd „tabu". Der Jagdleiter und alle Jäger des Reviers waren daher hoch erfreut, nun auch einmal auf Hühner jagen zu können. Doch ich musste mir immer wieder etwas einfallen lassen, um dafür Zeit zu „gewinnen". Drei Vorstehhunde führten diese Jagden zum Erfolg. Es war eine Freude, die Völker aufstieben zu sehen und dann zu Schuss zu kommen. Ich hatte stets einige Hühner am Galgen meiner Jagdtasche hängen. Doch viele Schüsse der Jäger gingen ins Leere – Enten im Flug sind doch ein besseres Ziel als die kleinen Hühner.
Mit einem Jäger und einem Hund machte ich in dieser Zeit auch ein paar Streifen zu dritt, so wie ich es in meinem Saaler Boddenrevier an der Ostsee erlebt hatte. Und die Hasen zeigten sich von ihrer besten Seite – Junghasen im Frühjahr und übers Jahr überall im Revier –munter hoppelten sie zwischen den Rohrleitungen umher…
Eine Herbstjagd im Nachbar-Jagdgebiet Heinersbrück (dieser Ort existiert noch heute!) war als Streife ausgelegt und brachte eine gute Strecke: auf das Konto von zwölf Schützen kamen über einhundert Hasen! Im Jagdgebiet Klinge schossen die Jäger beim Stöbern in den Feldgehölzen und im kleinen Dickungsstreifen, der dem geschlossenen Wald vorgelagert war, jährlich an die 20 bis 25 Hasen. Da auch mein Jagdleiter in seinem Revier von einem Hasen-Segen „träumte", setzte er im Vorwinter an einem Sonntag eine Hasenjagd an – der Schnee lag knöchelhoch! Die Feldgehölze sollten gestöbert, die aufgelassenen, verwilderten Feldgehölze gestreift werden.
Für mich lag es auf der Hand: keine dieser Jagden durfte ich versäumen! Doch musste ich nun erst einmal einen Grund finden, von Berlin weg zu kommen…
Und just an einem solchen Tag sollte ich mit meinem Professor vor dem 6. Studienjahr eine Spezial-Vorlesung halten. Ich hatte mich vorbereitet, wagte aber nun einen „Husarenstreich". Meinem Professor (er kannte meine Jagdleidenschaft) erzählte ich, dass in meinem Jagdrevier eine wichtige – vielleicht die letzte? – Jagd anstand, an der ich teilnehmen sollte – in Kürze würde die Braunkohle das Revier „schlucken"… Und der sonst so gestrenge Wissenschaftler sprach: „Abgemacht – ich übernehme die gesamte Vorlesung" – für ihn eine Kleinigkeit! – doch er setzte noch hinzu: „Aber kein Wort davon im Sekretariat! Es gäbe großen Ärger!"
Am Tag zuvor hatte es nochmals kräftig geschneit. Im fast kniehohen Schnee wateten wir zu unseren Ständen. Und dieser Jagdtag wurde ein „goldener"! Schneewetter mit Sonnenschein und blauem Himmel, wie man es mag in der Vorweihnachtszeit – es war ein Geschenk!
Die Feldgehölze waren echte „Hasenkammern". Die von den Hunden gestöberten Hasen stiebten ins Freie und rollierten bei guten Schützen. Am Ende lagen 30 Hasen auf der Strecke! Ein feiner, kleiner Jagdtag wurde mit „Tot-Signal" und „Jagd vorbei!" und mit „Halali!" beschlossen.

Entenjagd bei Weissagk

Ein besonderes Ereignis für die Jäger der Jagdgruppe Klinge war die sommerliche Entenjagd am Jägerteich bei Weissagk, ein langgestreckter Binnensee mit einem hakenförmigen Auslauf am westlichen Ende. Inzwischen ist er dem Braunkohle-Abbau zum Opfer gefallen. Angelegt war die Entenjagd als Wassertreibjagd.

Die Jäger hatten feste Plätze am oder im Schilfrand. Da die Schilfgürtel nicht sehr breit waren, war diese Wasserjagd als reine Stöberjagd angelegt.

Nachdem alle Schützen ihre vorbereiteten Stände eingenommen hatten, wurde angeblasen und die Hunde zum Stöbern in das Schilfwasser geschickt. Bald stiegen die ersten Enten auf, die ersten Schüsse fielen, und die Hunde arbeiteten sich vorwärts, bis der ganze Schilfgürtel durchgestöbert war. Ich hatte guten Anflug und verschoss alle mir ausgegebenen Patronen. Am Ende lagen von mir 11 Enten auf der Strecke, welche sich insgesamt auf über 100 Stück Stockenten belief. Das Versorgen, das Ausziehen, wie damals noch üblich, nahm eine lange Zeit in Anspruch Doch zuvor wurde die brauchgerecht gelegte Strecke vor allen Schützen und den abgelegten Hunden verblasen.

Jagd auf Enten, Gänse und Hasen

Gern fuhr ich mit meinem Nachbarn ins Revier, liebten wir doch Beide den Entenstrich an den Selesnik-Teichen.
Auf dem Teich-Damm, der die beiden Fischteiche begrenzte, hatten wir je nach Wetter unsere Stände eingerichtet, die Strichbahnen der Enten waren uns bekannt. Ein Hund zum Apportieren war stets dabei. Wir schossen in Richtung Teich und die dem Damm sich anschließenden Wiesen. Meistens erlegte jeder von uns drei oder vier Enten – mehr nicht.
In der Schilfregion der Fischteiche brüteten auch Graugänse.
Als nun im Herbst die Schusszeit begann, und die Junggänse beflogen waren, wollten wir es einmal auf Gänse versuchen. Für eine Familienfeier sollte es bei meinem Nachbarjäger „wilden Gänsebraten" geben – Frau und Tochter hatten sich das jedenfalls in den Kopf gesetzt…
An einem Nachmittag im Frühherbst hatte mein Mitfahrjäger einen Plan: „Du stehst inmitten des Dammes, und ich gehe von der Rückseite ans Schilf. Das bringt die Gänse bestimmt zum Aufstehen. Und so bald sie über den Teich ins Freie streichen, kannst du gut zu Schuss kommen." Gesagt – getan – ich stand schussbereit auf dem Damm und bezweifelte, dass ausgerechnet heute die Gänse im Schilf ruhten. Doch da hörte ich sie hoch werden, übers Wasser hoch aufsteigen… und dann steuerten sie, den Teich verlassend, direkt an mir vorbei! Da fasste ich mit meiner 12er Flinte zu – schoss auf eine Junggans – die kippte – ich zog mit und mit dem zweiten Schuss fiel auch die zweite Junggans ins Gras… eine Dublette!!
Freudig kam mein Jägernachbar den Damm entlang zu mir – er war in Hochstimmung ob des zweifachen Erfolges. Wir holten beide Gänse aus dem Gras, und er gratulierte mir zu dieser Dublette mit freudigem „Weidmanns Heil!".
Noch eine weitere Anekdote ist erzählenswert: Den Fischteichen schloss sich Hochwald an. Dort hatte in einer alten Kiefer ein Schwarzstorchenpaar seinen Horst. Oft beobachtete ich die Beiden, wenn sie zu den Feldern und Wiesen strichen, um Atzung für ihr Jungen zu holen… Wohin mögen sie sich verzogen haben, als die Braunkohle auch vor ihrem Horstbaum nicht Halt machte?
Eine kleine Herbstjagd auf Hasen war noch angesagt, dieses Mal auf den Randstreifen vom Hohen Holz, die zum Revier gehörten – also kleine, lichte Dickungen und Stangenholz.
Einen unserer Mitjäger neckten wir: „Du machst doch deine „Hasenkammern" auf, die du über Jahre gehegt hast!" Es handelte sich dabei um zwei kleine Feldgehölze vor seiner Haustür. Als diese nun nach dem kleinen und sehr erfolgreichen Stöbertreiben an die Reihe kommen sollten, beschwichtigte er uns: „Es gibt dort keine Hasen mehr!" Und tatsächlich: nicht einen Hasen machten die Hunde hoch… Nach der Jagd machten die Jäger dann ihrer Verstimmung Luft: „Du hast wohl Tage zuvor mit deinem Wachtel die Hasen mehrfach aufgestöbert – nun sind sie kurzzeitig ausgewandert!" Der Schabernack blieb an ihm hängen – bis auch dieser Flecken – und sein Haus – der Braunkohle weichen mussten …
Doch in der Erinnerung bleiben sie erhalten, diese kleinen, schönen Jagden.

GHWK

– Das neue Jagdrevier heißt Sauen –

Der Auftakt in Sauen

Als das Schicksal meines Heidereviers in Klinge endgültig besiegelt war – die Vorbereitungen zum Aufschluss waren abgeschlossen, der Abbau begann – hieß das für mich, ich musste mich wieder nach einem neuen Jagdrevier außerhalb des Braunkohletagebaues umsehen. Dabei kam mir ein Freund mit forstlicher und jagdlicher Vorbildung zu Hilfe.
Sein Rat: „Sieh dir doch das Gebiet südlich des Berliner Urstromtales einmal näher an!" Das hieß, das Forstrevier Sauen mit seinem Umfeld näher in Augenschein zu nehmen.
Durch frühere Ausflüge dorthin war mir dieses Gebiet nicht ganz unbekannt. So befindet sich in diesem Waldgebiet bei Fürstenwalde das Denkmal des **„Großen Moritzburgers"**, des berühmten **66-Enders** aus dem Jahr **1696.**

Kurzer Rückblick

Als ich noch im Heiderevier Klinge kurz vor meinem Weggang jagte, zog es mich schon ab und zu einmal ins Sauener Revier. Später erhielt ich vom Jagdleiter hin und wieder die einzige Kugelwaffe aus seinem Schrank – einen Suhler Drilling mit 16er Schrotläufen und ein Kugelkaliber 8/ 57 /I RS – montiert war ein 4faches Zeiss-Jena-Glas. So war ich für damalige Verhältnisse recht gut ausgerüstet. Später kam ein weiterer Drilling hinzu.
An einem Tag zwischen den Jahren– die Studenten hatten Ferien – lud der Revierförster mich und einen Jäger des Nachbarreviers zum Stöbern ein. Wir standen an den bekannten Wechseln – den so genannten „Löchern" im Zaun. Mehrere Sauen brachen an Stellen durch, wo keiner von uns Jägern stand… Beim Treiben durch die dritte Tannenkultur ließen Terrier und Rauhaarteckel Stöberlaute vernehmen. Bei meinem Nachbarn fanden die Sauen den Durchlass im Zaun. Bei meinem Mitjäger stand ein Frischling „Kopf", die Bache mit den anderen Frischlingen aber ging durch die „Lappen". Schließlich schoss mein Nachbar im Pappelmuttergarten doch noch einen Überläufer.
Im nächsten Gatter nahe der Revierförsterei hieß es: Rehe von hinten! Flott kamen sie daher getrollt: eine Ricke mit ihrem Kitz und eine weitere Ricke – oder ein Schmalreh? – das den Vorderlauf schonte… Ich zielte genau… und das Stück lag im Feuer! Als der Revierförster heran kam und zum Stück trat, zeigte er mir mit Zeichen: ein kurzes Gehörn – eigentlich ein Fehlabschuss – aber der kranke Lauf rechtfertigte den Abschuss.
Das war mein jagdlicher Einstand im neuen Revier. Eigentlich hatte ich mir den Einstand mit einer Sau gewünscht… doch diese Gelegenheit sollte schon bald folgen. Der Sauenbestand wurde hier als „gut" eingeschätzt, und so hoffte ich, in der Nachwinterzeit hier noch bei gutem Licht nicht nur Anblick, sondern auch Erfolg zu haben.

Rev. Sauen.
Jag. 16

Beim Gang zum Abendansitz im Kleinen Modderbusch streuselte im Stangenholz am Hang vor den Eichen eine Bache mit ihren Frischlingen umher – das hatte ich nicht erwartet. Die 16er Flinte mit 4-fachem Zielfernrohr hatte ich rechts mit Brennecke, links mit Schrot für den Fuchs geladen. Da die Bache weiter im Nadelboden herum stocherte, wechselte ich rasch die Brennecke in den linken Lauf. Als ich wieder schussfertig war, wuselten die Frischlinge so nahe am Weg, dass ich den Zielstock fallen ließ, und einen Frischling ins Absehen nahm. Im Knall rutschte er zusammen. Die anderen Frischlinge stutzten – und schon hatte ich einen zweiten mit dem linken Lauf erfasst. Mit den restlichen Frischlingen stürmte die Bache zurück. Zwei Sauen auf einen Streich! Die beiden Ersten im künftigen neuen Sauener Revier.
Dann folgte mein erster Ansitz im Kleinen Modderbusch. Der trockene Teich am Weg – gesäumt von alten Eichen – war verwachsen mit Erlenwuchs und Farnkraut.
Vor den Alteichen am Weg beidseits durch Erlenwuchs ansteigend lag eine kleine Wiese. Im unteren Bereich war ein Stück im Inneren gut einzusehen. Dort schlug ich an einer starken Jungkiefer meinen Sattelstock auf.
Mit einem Mal rumorte und raschelte es neben mir in der schon hoch gewachsenen Dickung. Wenige Meter vor mir tauchte eine starke Sau am Rand der Dickung auf, und um sie herum wuselten die Frischlinge, etwa eine „Hand voll" – ein später oder ein zweiter Wurf. Die Bache stocherte im Altlaub herum, die Frischlinge folgten ihrem Beispiel…
Jetzt zur Waffe zu greifen, und so einen „Frosch" zu erlegen, kam mir jedoch nicht in den Sinn. Die Frischlinge folgten der Bache weiter, als sie in das gegenüber liegende, sichtfreie Grasstück zog. Von dort verschwanden sie in der Hangdickung.
Ein Weilchen später – das Büchsenlicht war fast erloschen – stand plötzlich vor mir auf dem Weg eine Sau… Durchs Zielfernrohr sprach ich sie als jungen Keiler an, doch für mich war der allerdings noch „tabu"...

Als ich dem Jagdleiter davon erzählte, bemerkte er: „Kein anderer Jäger hätte da gezögert!" Der Gedanke: „Wenn ich nicht schieße, dann schießt ihn ganz sicher ein anderer Jäger…!" war noch weit verbreitet. Der Bewirtschaftungsgedanke, junge Keiler zu schonen und zu Hauptschweinen heran wachsen zu lassen, hatte sich in den Köpfen der meisten Jäger noch nicht festgesetzt.

Statt Vorlesungsvorbereitung zur Jagd nach Sauen

Standen für mich an der Universität in Berlin ab zweiter Wochenhälfte keine Lehrveranstaltungen im Plan, sagte ich im Sekretariat Bescheid, dass ich von Donnerstag übers Wochenende zu Hause arbeite – und dann fuhr ich zur Jagd.

Der Nachwinter hatte die Fluren mit Schnee überzogen, grad das Richtige für eine Nachpirsch im Feld zu den alten Maisäckern um den Kadelhof, der zwar nicht mehr zur Sauener Flur, sondern bereits zur Görziger, jagdlich aber zum Sauener Jagdgebiet gehörte.

Die Sauen hatten den großen Schlag mit viel Mais-Hinterlassenschaft bereits in eine Krater-Landschaft verwandelt. Und das bedeutete: große Fehlstellen im Getreide. Auf dem Weg vor dem Kadelhof parkte ich den PKW und machte mich „pirschfertig".

Ich war dieses Mal ausgerüstet mit dem Drilling, der auf 40 Schritte mit der Brennecke im rechten Lauf über das vierfache Zielfernrohr Fleck schoss.

Ideal zum Pirschen war der knapp fußhohe, lockere Schnee. Ich pirschte um das alte Gutsgehöft und konnte bei gutem Wind die ersten Feldstücke einsehen.

Kein „schwarzer Klumpen" war zu entdecken. Ich pirschte an der Hecke entlang bis zum Ende des Gutsgeländes; von dort konnte ich ein weiteres Stück einsehen, entdeckte aber keine Sauen. Ich pirschte weiter quer über die Kraterlandschaft in Richtung Robinienhang. Als ich in die Nähe des unteren Strauchwerks kam, hörte ich es drinnen rumoren – mir war sofort klar: die Sauen wollten auf den alten Maisacker stürmen – und schon traten die ersten Stücke ins Freie. Eine große Rotte – mehrere Bachen mit ihren Frischlingen – darunter vermutete ich auch mehrere Überläufer und nichtführende Bachen. Auf ihre Verteilung im Feld brauchte ich nicht zu warten, um sie dann anzupirschen – nein, sie kamen direkt auf mich zu gewechselt.

Als sich die Großrotte auseinander zu ziehen begann, um auf dem Acker zu brechen, strich ich am Zielstock an und nahm einen Frischling ins Fadenkreuz mit der Brennecke im rechten Lauf … im Knall lag das Stück auf die kurze Entfernung von etwa 25 Schritt.

Die Rotte hatte den Knall, der im Schnee erstickte, nicht wahrgenommen und zog weiter ins Feld. Hier begannen die Stücke nach den alten Maiskolben zu brechen. Ich pirschte der Rotte ein kleines Stück näher und visierte einen zweiten Frischling an… Jetzt war die Kugel an der Reihe – und auch dieser Frischling lag im Feuer. Doch die Rotte stürmte nicht etwa hochflüchtig vom Feld, sondern sie umkreiste mich. Längst hatte ich neue Patronen im Lauf, und als sie um mich herum schwenkten, fuhr ich mit – und im Schuss wurde noch eine Sau kürzer und rutschte zusammen – direkt in ein Kraterloch. Mit einem Überläufer und zwei Frischlingen war der Einstand im Sauener Revier gelungen.

Wenn auch am nächsten Tag das Thermometer über 0° C anstieg, lag der schon zusammengeschmolzene Schnee noch bis in die Nacht hinein. So fährtete ich am nächsten Vormittag das größte Feldholz ab. Am Ende des Waldstückes zum Feld hin umschlug ich die Tannenkultur. Und siehe da – hier drinnen steckten die Sauen. Mein Gedanke war: sie werden sich in der Nacht ausschieben, den schmalen Waldstreifen zum Feld durchwechseln und werden sich auf dem alten Maisacker vor der Wiese zu schaffen machen.

Kurz vor Mitternacht pirschte ich die Grenzhecke am so genannten Dachsland entlang bis zum Buddelbergweg und von da weiter bis zur Feld-Wald-Grenze. Im Feld war außer einem Fuchs, der hin und her schnürte, nichts zu sehen.
Am Waldrand nahm ich auf meinem Sattelstock Platz und wartete auf die Sauen, die hoffentlich noch in der Tannendickung steckten, wenn sie nicht schon in Richtung Maisschlag am Kadelhof ausgewechselt waren.
Dann vernahm ich dunkle Laute, so als wenn Laub raschelte. Hatten sich also die Sauen ausgeschoben und suchten jetzt im Altlaub der Eichen nach Fraß? Dann wieder Ruhe… doch plötzlich stand ein Stück der Rotte im Grasstreifen am Waldrand.
Da „die Luft rein war" drängten die anderen Stücke ins Freie und wechselten auf dem Grasweg hin und her, um schließlich nacheinander aufs Feld zu wechseln…
Eine Überläuferrotte hatte ich vor mir. Und wie sie Aufstellung nahmen und mir ihre volle Breiseite zeigten, schoss ich die Brennecke im rechten Lauf ab – und eine Sau lag… sie schlegelte noch… und die Rotte blies zum Abmarsch ins Feld – eine lang gezogene Reihe im Troll. Da fuhr ich mit – und raus war die Kugel! Und weiter ging die Flucht… Noch ein Stück wurde kürzer und strauchelte… – fünf Sauen in zwei Nächten!
Der Revierförster gab vor, in seinem Pirschbezirk unterwegs gewesen zu sein, aber nichts gesehen zu haben. Doch sein „Weidmanns Heil!" zu den fünf Sauen nahm ich mit Freude entgegen.

Der Sauener Wald

Als im Jahr 1881 Theodor Fontane, der Dichter der Mark Brandenburg – wie er heute gern genannt wird – seine Osterfahrt ins ländliche Beeskow-Storkow unternahm, besuchte er auch die Markgrafensteine, eines der „sieben märkischen Weltwunder" in den Rauener Bergen. Von der Schönen Aussicht betrachtete er die weite Landschaft im Schoße des Berliner Urstromtales. Hier erfuhr er von seinem Begleiter, dem Kutscher Moll, dass der Ort, von dem nur der Wasserturm zu erkennen sei, „Pfaffendorf" heißt, was ja noch angeht – der benachbarte Ort aber, versteckt im Wald, trägt den „anrüchigen" Namen „Sauen".
Dieser Ort geht auf eine germanische Siedlung vor der Völkerwanderung zurück. Slawen folgten den verwanderten Germanen im 5. und 6. Jahrhundert in dieses Gebiet. Sie gaben zunächst der Flur, später auch der entstandenen Siedlung den Namen „sowjo", was soviel wie „Eulenbruch" bedeutet.
Im frühen Mittelalter kamen die slawischen Gebiete östlich der Elbe unter deutschen Einfluss. Da wandelte sich das wendische „sowjo" in das klangverwandte, deutsche „sawen", das zu „suwen" und schließlich zu dem heutigen „Sauen" umgebildet wurde. Vermutlich hat dabei die frühere Bezeichnung für unsere Schwarzkittel, das alt- und mittelhochdeutsche „su",

Pate gestanden, denn aus „sowjo“ ist das altdeutsche „uwila“ (Eule) nicht heraus zu hören. Die lautmalerische Beziehung wird wohl auch deshalb so unmittelbar gewesen sein, weil in den ehemaligen Eichenmischwäldern das Schwarzwild den Bewohnern immer gegenwärtig war.
Das Forstrevier Sauen umschließt den Ort Sauen, es gehörte zu meiner Zeit zum Kreis Beeskow – jetzt Landkreis Oder-Spree. Über die Kreisjagdbehörde Beeskow erfuhr ich, dass das Sauener Waldgebiet zum größeren Teil zur Jagdgesellschaft Neubrück gehört. Vorsitzender der Jagdgesellschaft war der Revierförster des Sauener Reviers – ich sollte ihn doch in der Revierförsterei Sauen einmal aufsuchen und ihm meinen Wunsch vortragen, in die Jagdgesellschaft aufgenommen zu werden. Mit Freuden unternahm ich den ersten Schritt – per Telefon mein Anliegen kurz erklärend – und der Termin wurde vereinbart. Pünktlich war ich zur Stelle – der laute Hals der Hunde kündigte mich an – freundlich begrüßte mich der Revierförster.
Ich erläuterte meinen bisherigen jagdlichen Werdegang, die derzeitige Situation und meine Ambitionen betreffs Jagd. Zur aktuellen Situation erklärte mir der Revierförster folgendes:
In dieser Jagdgesellschaft seien zwar genügend Jäger Mitglied, doch zwei Drittel davon seien leider inaktiv. Von den übrigen seien zwar einige sehr aktiv, der Rest ginge aber nur gelegentlich auf Ansitz. Anschließend erfuhr ich nun Näheres über die Jagdgesellschaft: ihre Größe, die Anzahl der Jagdgruppen, das Wild und den Abschuss in groben Zahlen.
Der Wirkungsbereich der Jagdgesellschaft Neubrück – gelegen im Berliner Urstromtal – umfasst 75 % des Waldgebietes des Oder-Spree-Kanals zwischen Fürstenwalde und Müllrose und der vorgelagerten Feldmark. Insgesamt eine Fläche von rund 10 000 ha. Die geschlossene Waldung wird durch die Spreeniederung (Wiesen und Ackerland) unterbrochen und ist Teil des Rotwild-Einstandsgebietes Beeskow. Die Fläche der Jagdgesellschaft ist in vier territoriale Jagdgebiete gegliedert mit den Ortsbezeichnungen Neubrück, Sauen, Ragow und Merz.
Der geringe Abschuss in den 60er und Anfang der 70er Jahre führte zu einem beträchtlichen Ansteigen der Bestände. Es bildeten sich starke Hirsch- und Kahlwildrudel. Die Schäl- und Verbissschäden nahmen infolge der Wildkonzentration in bestimmten Revierteilen erheblich zu. Mit erhöhten Abschüssen wurde ab 1975 begonnen, um die Bestände auf eine dem Biotop angemessene Höhe zu bringen.
Ich zeigte großes Interesse, in die dortige Jagdgesellschaft Neubrück aufgenommen zu werden. Vor allem versicherte ich, dass ich gern viel Zeit für die Jagd aufbringen würde, auch wenn das zunächst mit hohem Zeitaufwand für die Fahrt Berlin – Sauen verbunden wäre. Ich hoffte doch, in Sauen auch eine persönliche Bleibe zu finden.
Im Gegenzug müsste ich allerdings auch bereit sein, im Vorstand mit zu arbeiten und ein Aktiv zu übernehmen. In der nächsten Vorstandsitzung würde „mein Fall“ beraten, der Revierförster wolle meine Aufnahme befürworten. Zur nächsten Mitgliederversammlung würde ich eingeladen. In Verbindung mit der Aufnahme in die Jagdgesellschaft Neubrück und in den Vorstand würde ich dann zum Leiter des Aktivs für Wildbewirtschaftung bestellt. Dazu erklärte ich mich gern bereit und wurde der Jagdgruppe Sauen zugewiesen.

Das Gesprächsthema war natürlich auch das Sauener Forstrevier, das zur dieser Jagdgruppe gehört. Der Sauener Wald sei ein forstliches Versuchsrevier und unterstehe der fachlichen Betreuung des Institutes für Forstwissenschaften Eberswalde. Der Sauener Wald wird als das forstliche waldökologische Experiment in der Mark Brandenburg bezeichnet.
Das Revier der Jagdgruppe Sauen umfasst nicht nur die Gemarkung Sauen, auch Teile der umgebenden Ortslagen gehören dazu. Um mir einen ersten Überblick über das Revier und seine Grenzen zu verschaffen, vereinbarten wir eine anschließende Revierfahrt. Zunächst fuhren wir die sechs Pirschbezirke einzeln ab. Dabei wies der Revierförster darauf hin, in welchem Bezirk ich in Zukunft jagen könnte.
Ein Pirschbezirk weckte mein besonderes Interesse – der große und der kleine Modderbusch und ihr Umfeld inmitten des geschlossenen Waldes. Hier „roch" es nach Sau und Hirsch!
Auch einen Feldgehölz-Pirschbezirk legte mir der Revierförster ans Herz und zwar wegen der Sauen in der Feldflur, und wegen des hohen Rehwildbestandes. Leider ließe sich dort selten ein Jäger einweisen…
Den Waffenschrank für die zeitweilige Ausleihe der Jagdwaffen verwaltet der Jagdleiter der jeweiligen Gruppe, für die Ausgabe der Flinten sind bestimmte Tage festgesetzt.

Gute Niederwildbesätze in der Sauener Feldflur

In Gesprächen mit älteren, nicht mehr aktiven Jäger aus Sauen erfuhr ich, dass vor dem zweiten Weltkrieg in der Sauener Feldflur und in den umliegenden Orten gute Niederwildbesätze vorhanden waren – Hasen, Kaninchen, Hühner und Fasane, sowie Enten auf der Spree und ihren Nebenarmen.
Von alledem habe ich zu Jagdgesellschafts-Zeiten nur noch einen geringen Hasenbesatz vorgefunden. Ein älterer Jäger erzählte mir, als ich einmal an der Beeskower Tankstelle Benzin zapfte, dass es beim Kesseltreiben auf Hasen auf der Beeskower Feldflur vor dem geschlossenen Waldgebiet im November in den 1960er Jahren so warm war, dass Schützen wie Treiber ihre warme Kleidung ausziehen mussten. Und das Ergebnis am Ende der Jagd konnte sich sehen lassen – gut 150 Hasen lagen auf der Strecke.
Ich selbst konnte ganz am Anfang meiner Zeit in Sauen noch mehrere Völker Hühner beobachten. Doch im Winterhalbjahr 1980 sind diese mit Sicherheit Opfer des Raubwildes geworden.

Zur Geschichte des Sauener Waldes

Wenn sich auch Wildsauen und Eulen über die Jahrhunderte hier in ihrem angestammten Lebensraum bis heute behaupten konnten, so ist dieser Flecken Erde doch nicht der gleiche wie zuvor geblieben. Die kultivierende Hand des Menschen hat sein Antlitz und sein Innerstes verändert – sehr zu seinem Nachteil! – wie Überlieferungen berichten. Der ursprüngliche Traubeneichen- und Kiefernwald wandelte sich zum dürftigen märkischen Kiefernforst. Noch in der zweiten Hälfte des 19. Jahrhunderts war eine Heide-Wachholder-Landschaft typisch für fast die Hälfte des Reviers. Dank der Pionierarbeit eines von der Forstwirtschaft begeisterten Arztes – Prof. Dr. August Bier, Chirurg an der Berliner Universitätsklinik – begann sich das Waldbild erst im 20. Jahrhundert zum Besseren zu wandeln.

Heute besitzt der Sauener Wald wieder ein freundliches, in die Zukunft schauendes Gesicht. Doch was gibt eigentlich der Sauener Landschaft, die den Wald mit den angrenzenden Feldern und der Ortslage einschließt, das richtungweisende Gepräge, das es als Beispiel eines großen ökologischen Versuches zu erhalten, zu bewahren gibt?

Und was verleiht – als Zugabe gesehen – der Sauener Gegend den landschaftlichen Reiz?

Den landschaftlichen Charakter erfuhr diese Gegend während der letzten Eiszeit – vor ca. 110 000 bis 10 000 Jahren. Die Grundmoräne, die die Beeskower Hochfläche bildete, nahm hier an ihrem Ende durch unterschiedliches Geschiebe eine unterwellige Form an. Diese geht im Nordwesten in die Hügelmoräne der Sauener Berge über (max. 89 m über NN) und grenzt im Osten und Nordosten an die Talsandgebiete des Fürstenwalder Spreetales.

In der Mitte des Dorfes Sauen, in der Nähe des Dorfteiches steht das Gutshaus. Der Geschichtsschreibung nach soll das Gebäude auf Anordnung von Kurfürst Friedrich III. erbaut worden sein. Dem Gutshaus – einer Zweiflügelanlage mit spätbarocken und klassizistischen Merkmalen – sind ein Verwalterhaus, eine Remise sowie eine großzügige Parkanlage angeschlossen. Eine Besonderheit ist das „Eishaus“ aus dem 19. Jahrhundert. Die alljährlich im Februar eingelagerten Eisvorräte standen der Gutsküche bis zum Spätsommer zur Verfügung.

Wie aber kam Kurfürst Friedrich III. ausgerechnet auf den Gedanken, sich in Sauen ein Jagdhaus bauen zu lassen? Dieser Flecken war einst der nördlichste Vorposten Kursachsens an der Grenze zu Brandenburg/Preußen. Grenzstreitigkeiten vertieften sich, als dieser Landstrich als „wendischer Distrikt“ an das Kurfürstentum Brandenburg fiel. Doch das Interesse am Wildreichtum dieser Gegend fand seinen Niederschlag im Bau eines Gutshauses für regelmäßige jagdliche Veranstaltungen.

Bis zu seiner starken Zerstörung während des Dreißigjährigen Krieges wechselte dieses Gutshaus allerdings mehrfach den Besitzer. Erst weitere 100 Jahre später – in der Mitte des 18. Jahrhunderts –wurde das heute noch existierende Herrenhaus auf den Grundmauern des ursprünglichen Gebäudes neu errichtet. Der „neuartige“ Baustil brach mit der bis dahin üblichen Bautradition der Renaissance. Es entstand ein Norm-Typus der gehobenen adligen Landsitze. Er zeichnet sich aus durch Querverlagerung auf rechteckigem Grundriss, eine symmetrische Achsengliederung, eine Mittelbebauung und seitliche Pilaster.

Das jetzige Landschaftsbild – wieder naturnäher und anmutiger – ist das Ergebnis wald- und flurgestalterischer menschlicher Tätigkeit. Die Anpflanzung von Wegbäumen erfolgte nach ästhetischen Gesichtspunkten im 19. Jahrhundert durch den Gutsbesitzer Freiherr von Rheinbaben.
Im Jahr 1912 erwarb der Berliner Chirurg Prof. Dr. August Bier das inzwischen sehr herunter gekommene Waldgut Sauen für 900 000 Mark. Dem Architekten Erich Blunck überantwortete er die Aufgabe, die Gebäude zu restaurieren und zu erweitern. Es bedurfte bedeutsamer baulicher Veränderungen, um das originale Erscheinungsbild des Herrenhauses wieder herzustellen. Einige Bäume und der Teich, sowie die gepflasterte Auffahrt zum Haupteingang vermitteln noch heute einen Eindruck von der ehemaligen Gestaltung des Hofes.
Bis zum Jahr 1981 diente das spätbarocke Gutshaus der Familie Bier als Wohnhaus. Danach erfolgte der Verkauf des Guts- und des Inspektorhauses sowie der Stallanlagen und des Parks an das Ministerium für Kultur der DDR.
Noch in den 80er Jahren erwarb die Kunsthochschule Berlin-Weißensee den Gebäude- Komplex, um hier für ihre Studenten Übungen in den verschiedenen Fachgebieten sowie Exkursionen zu veranstalten. Mit der deutschen Einheit ergab sich schließlich eine enge Kooperation mit der Berliner Hochschule der Künste.
Nach aufwendiger Restaurierung und erneutem Umbau des Gutshauses – jetzt auch wieder „Schloss“ genannt – entstand hier eine Begegnungsstätte aller Berliner Kunsthochschulen.

Das Projekt „Dauerwald“ von Prof. Dr. August Bier

Langjährige Weideberechtigung und Streunutzung hatten den fast reinen Kiefernwald stark geschädigt. Die Absicht von Prof. Dr. August Bier war ein waldbauliches Experiment, das sowohl verallgemeinerungswürdig als auch zukunftsweisend zugleich sein sollte.
Den Bestrebungen Prof. Dr. August Biers – eines forstlichen Laien – ein waldbauliches Experiment zu realisieren, kam der damalige Zustand des Waldgebietes entgegen. Für den Chirurgen und „Waldarzt“ August Bier war dieser übernommene Wald ein kranker Organismus. Nach seinen Vorstellungen und in Anlehnung an die Lehren des griechischen Arztes Hippokrates und des Philosophen Heraklit wollte er diesen Wald „heilen“!
Krankheit bedeutet – philosophisch gesehen – einen Mangel an Vielfalt und richtiger Mischung. Gesundheit dagegen ist eine sich immer aufs Neue herstellende Harmonie aus vielen gegensätzlichen, doch sich ergänzenden Faktoren. Die Heilung heißt also: Herstellung der richtigen Proportionen eines geordneten Gefüges. Die Grundlage für die erfolgreiche Behandlung ist die genaue und umfassende Beobachtung des „Patienten“ – in diesem Fall des „kranken“ Waldes.
August Bier betrachtete sich als Arzt und Forstmann sowie als praktizierender Philosoph und Biologe. Er distanzierte sich von den nur theoretisierenden Philosophen und von den Naturwissenschaftlern, die nur mathematisch belegbare Naturgesetze gelten ließen. Sein Ziel war die Umwandlung des kranken Kiefernwaldes in einen gesunden, vielfältig gemischten und stufig aufgebauten Wald. Er war einer der Verfechter des Dauerwaldgedankens und des Anbaues der Buche in den märkischen Kiefernforsten. Als Fernziel strebte Bier einen Mischwald an, der sich – ausgehend von Samenbäumen – weitgehend allein verjüngen würde. Der Forstmann sollte dann so wenig wie möglich regulierend mit Axt und Säge eingreifen müssen. Bei dieser Verfahrensweise mussten ökonomische Fragen zunächst zweitrangig bleiben. Doch von seinem späteren Wald erwartete August Bier nicht nur stabiles und hohes Wachstum, sondern auch Erträge, die diese Art der Waldwirtschaft finanzieren würden. Dieses kühne Vorhaben stand einmalig da in der Mark Brandenburg.

Das Projekt in der Zeit von 1912 bis 1949

Zunächst wurden die brachliegenden Flächen größtenteils mit Kiefern, teilweise mit Lärchen und Eichen aufgeforstet. Die Tongruben sowie das Gelände einer ehemaligen Ziegelei wurden mit Robinien, Pappeln und Eichen zu Wald umgewandelt. Bestehende Lücken wurden mit Eichen, Eschen, Rüstern, Weißbuchen, Ahorn und Robinien bepflanzt.
Der 1. Weltkrieg beendete zunächst dieses groß angelegte Vorhaben. Doch nach 1920 setzte Bier sein Waldexperiment im großen Stil fort. So wurde Saatgut besonders wertvoller Herkünfte beschafft. Die künstliche Wurzelbruterzeugung nutzte man bei Robinien. In Kiefernbeständen legte man großflächig Buchen- und Eichenunterbauten an. Der Anbau bewährter ausländischer Baumarten – Douglasie, Japanlärche, Weymuthskiefer – folgte.
Bodenbedeckung mit Reisig und landwirtschaftlichen Abfällen sowie der Schutz der offenen

Waldränder durch „Waldmäntel“ waren weitere Maßnahmen. Außerdem gestaltete man die zum Dorf und Wald führenden Straßen zu Alleen mit Silberahorn, Rosskastanien und Elsbeeren-Hecken. Ebenso erhielten die Feldwege und die Grenzen der gutseigenen Feldmark eine Heckenbepflanzung.
Für das Wild wurden Remisen angelegt, und auch die Vogelwelt erhielt viele neue, auch künstliche Nistmöglichkeiten. Durch Anbau von Verbissgehölzen versuchte August Bier seine Neuanpflanzungen gegen Wildverbiss zu schützen. Doch trotz scharfer Bejagung des Rehwildes mussten große Flächen eingezäunt werden.

Fortführung des Projektes durch Forstmeister Heinrich Bier

Nach dem Tode des Geheimrates Prof. Dr. August Bier am 6. März 1949 – er konnte auch nach der Bodenreform seine Versuche in dem nun staatlichen Wald fortsetzen – übernahm sein Sohn, Forstmeister Heinrich Bier, die wissenschaftliche Betreuung des Reviers.
Heinrich Bier legte besonderen Wert auf die Pflege der Bestände und ließ viele Kiefernstangenhölzer asten. Die Vielfalt der Bestockung erweiterte er durch kleinflächig gemischte Vor- und Unterbauten mit Douglasie, verschiedenen Tannenarten wie Abies concolor, grandis, homolepis, veitchii, nordmanniana, cilicica, procera u. a. sowie Riesenlebensbaum, Scheinzypresse und Hemlockstanne.
Auch auf kleinen Kahlflächen ließ Heinrich Bier nach Vollumbruch gelegentlich Tannenarten und auf schwächeren Standorten vor allem Kiefernarten wie Pinus ponderosa, scopulorum, flexilis, peuce, nigra und strombus pflanzen. Wo das Wachstum nicht befriedigte, wurde mineralisch gedüngt. Schutz und Pflege besonderer Gehölze waren oft nur durch ehrenamtliche Einsätze möglich.
Das System der Hecken an Waldaußen- und –innenrändern ergänzte er mit fremdländischen Strauch- und Baumarten. Besondere Beachtung verdient, dass Forstmeister Bier ausgesuchte, wertvolle Bäume und Sträucher aus vielen Parks und Wäldern der ehemaligen DDR beernten ließ und die Anzucht der Pflanzen selbst übernahm. Zu seinen Verdiensten gehört es auch, dass über 1000 Nistkästen aller Größen im Revier aufgehängt und ständig kontrolliert wurden. Das rd. 700 ha große Versuchsrevier verfügte zeitweise über 50 Arbeitskräfte, die beliebig und universell auch für sehr schwere, körperliche Tätigkeiten eingesetzt werden konnten.
Im Jahr 1963 übernahm die Leitung des Reviers das Institut für Forstwissenschaften Eberswalde der Akademie für Landwirtschaftswissenschaften der DDR Berlin. 1971 wurde die Revierbetreuung dem Wissenschaftler Dr. Lechner übertragen. 1990 erfolgte die Überführung in den Besitz der Treuhand. Die Weiterbewirtschaftung übernahm die Landesforst in der Oberförsterei Neubrück.

Gründung der „Stiftung August Bier für Ökologie und Medizin“

Nach der Wiedervereinigung Deutschlands wurde mit Unterstützung der Erben August Biers die „Stiftung August Bier für Ökologie und Medizin“ gegründet. Nachdem mit der Treuhandanstalt für die 1945 enteigneten Flächen ein entsprechender „Bewirtschaftungsvertrag“ abgeschlossen wurde, bewirtschaftet die Stiftung seit dem 01.01.1994 ca. 700 ha des „Bier'schen Sauener Waldes“. Auf diese Weise soll das Werk von August Bier in seinem Sinn erhalten und weiter bewirtschaftet werden. Im Jahre 2002 erfolgte der Eigentumswechsel von der BVVG an die Nachfolgegeneration der Familie Bier. Die weitere Bewirtschaftung wurde der Stiftung übertragen.

Das Bier'sche Erbe

Mit dem Ausscheiden von Heinrich Bier aus dem Forstdienst 1969 übernahm die Arbeitsgruppe der benachbarten Versuchsreviere Schwenow-Tschinka die wissenschaftliche Betreuung des Sauener Reviers.
Den wertvollen Wald unter den gegebenen Umständen – der nachteiligen Trennung von Waldbau und Nutzung – weiter zu bewirtschaften und für die Zukunft zu erhalten, bedeutete, sich auf die wichtigsten Maßnahmen zu konzentrieren, so z.B. auf die

- Pflege der ausländischen Anpflanzungen, also periodische Vereinzelung der Koniferen in Verbindung mit Schmuckreisig-Gewinnung.
- Schirmhiebe über Tannen-Voranbauten – unter den gegebenen klimatischen Bedingungen gibt es keine Tannenart, die auf Dauer Voll- oder Halbschatten verträgt!
- Langfristige Überführung der buchenunterbauten Kiefernbestände in reine Buchenbestände auf besseren und mittleren Standorten. Kiefern sollten in drei bis vier Hieben innerhalb von etwa 30 Jahren heran gezogen werden. Diese Maßnahme wirkt der Kahlschlagwirtschaft entgegen, aber auch Ergebnisse eines waldökologischen Experimentessprechen dafür!

Ökologisch orientierter Waldbau

Die wissenschaftliche Auswertung der Untersuchungen brachte wichtige Erkenntnisse für einen ökologisch orientierten Waldbau. So wiesen Vegetationsaufnahmen, Humus- und Bodenuntersuchungen im Vergleich mit einem rekonstruierten Ausgangsbestand eine deutliche Verbesserung des Oberbodenzustandes nach (biologische Melioration des Bodens!). Daten aus den Buchenflächen erbrachten wichtige Hinweise für die Anlage, die Entwicklung und die Bewirtschaftung von Buchen-Unterbau im trockenen Klimagebiet.
Auch die so genannten „Ausländer“-Anbauten liefern wichtige Ergebnisse und werden einmal wertvolle Saatgut-Bestände ergeben, da das Ausgangsmaterial großenteils aus Wäldern und Parks der ehemaligen DDR stammt, und auf diese Weise unter den gegebenen klimatischen Bedingungen sich bereits eine Generation bewährt hat.

Ausblick

Der Sauener Wald mit seinem hohen Anteil zweistufiger Bestockungen, mit bestandsbildendem Laubholz, Douglasienbeständen, verschiedenen Tannenarten, Fichten, Lärchen und seltenen Kiefernarten, mit vielen Hecken an Waldrändern und Wegen, mit Allee- und Wegbäumen und nicht zuletzt wegen seiner reichen Bestandsflora und -fauna unterscheidet sich heute völlig von den Kiefernrevieren seiner Umgebung.

Die sehr hohen Zielsetzungen des Geheimrates Prof. Dr. August Bier an einen vielfältig gemischten, mehrstufig aufgebauten Dauerwald, der sich über Samenbäume selbst verjüngen würde, haben sich nicht erfüllt. Unter den herrschenden klimatischen Bedingungen war dies nicht zu realisieren.
Dennoch wurde in Sauen viel erreicht – heute ist teilweise ein zweistufig aufgebauter Wald vorzufinden. Am häufigsten sind Mischungen aus wenigen Baumarten anzutreffen. Die aus einer Vielzahl von Baumarten bestehenden Mischbestockungen sind an die besten, meist feuchten Standorte gebunden. Im Unterstand oder Voranbau haben sich flächenweise Mischungen am besten bewährt.
Gefahren durch Waldbrand, tierische Schädlinge oder Sturm sind im Vergleich zu reinen Kiefernrevieren erheblich gemindert. Eine größere Widerstandsfähigkeit gegen Umweltschäden darf erwartet werden. Sauen liegt in einem (bisher!) noch nicht stark belasteten Gebiet.
Dass sich das „Bier'sche Wald-Experiment" nicht schematisch auf andere Reviere übertragen lässt, liegt auf der Hand. Doch für die Landeskultur, für einen ökologisch orientierten Waldbau ist dieses Experiment eine beispielhafte Leistung. Es ist das Gebot unserer Zeit, dass dieses Experiment mit dem gleichen Engagement wie bisher weiter geführt wird, wie es von dem „Wald-Arzt" Prof. Dr. August Bier begonnen wurde.
In fast 80 Jahren ist in Sauen nach den Vorstellungen des Begründers in drei Generationen aus einem verarmten Kiefernrevier ein vielseitig ausgestattetes Vorzeige- und beliebtes Exkursionsrevier entstanden.
Auch heute noch gilt, was der Geheimrat Prof. Dr. August Bier 1948 im Nachtrag zu seinem berühmten Vortrag von 1933 „Der Wald in Sauen" notierte:

***„Der Sauener Wald lässt sich aber nicht beschreiben –
man muss ihn gesehen haben!"***

Zu jeder Jahreszeit ist es schön im Sauener Wald – wenn an den Oberbuschwiesen der Frühling einzieht, die Schnepfen im Bruch am alten Mühlenteich quorren und puitzen; wenn die Robinien am Schwarzberg blühen, der sauber gefegte Bock aus der pfingstgrünen Feldhecke tritt. Wenn das sommerrote Hirschrudel am äsungsreichen Dachsholz entlang zieht; wenn im Oktober die Buntlaubzeit beginnt, und wenn die Tannen ihren Winterschmuck bekommen haben.

Zur Geschichte von Sauen
George Friedrich MÖLLER

George Friedrich MÖLLER, Advokat am Königlichen Kammergericht in Berlin, erhielt das „Waldgut Sauen“ im Zusammenhang mit der Erlegung des „66-Enders“ von Kurfürst Friedrich III. im Jahr 1699 als Geschenk. Er wurde auf diese Weise der Erbherr des Waldgutes Sauen zwischen Fürstenwalde und Beeskow südlich des Berliner Urstromtales in der Mark Brandenburg. Er verfasste mehrere naturwissenschaftliche, vornehmlich botanische Aufsätze und Schriften.

Die beliebte Jagd auf Niederwild in der Sauener Flur – also Hasen, Kaninchen, Rebhühner und Fasane – war wohl für George Friedrich Möller der Anlass, ein

„Jagd-Buch über das Flüchtigschießen mit Schrot“

zu verfassen. Ich möchte es an dieser Stelle dem Leser einmal vorstellen.
Im Jahr 1753 erschien in Frankfurt an der Oder bey Johann Christian Kleyb die älteste selbständige Abhandlung in deutscher Sprache über das Schießen mit Schrot auf flüchtiges und fliegendes Wild. Der Verfasser, George Friedrich MÖLLER, gab dem Buch den Titel:

**„Bewärtes Mittel eine Fertigkeit zu erlangen
im Fluge und Lauff zu schiessen“.**

Dieses originelle und verdienstvolle Werk verdient in Bezug auf seine klare Sprache im frühen Neuhochdeutsch und wegen seines Inhaltsreichtums eine weit stärkere Beachtung. Der Sekretär des staatlichen Militärkollegiums L. KRAUSOLD, übersetzte MÖLLERS Buch im Jahr 1768 in die russische Sprache.
Bevor MÖLLER zur Sache kommt, findet der Leser einige interessante, auch heute noch gültige Voraus-Gedanken wie die folgenden:
„Grosse Künstler werden geboren – grosse Stümper eben auch. *Wenn ein jeder alles allein könnte, würde niemand den andern brauchen und der erste Grund der Gesellschaft fiele weg. Künste erfordern nebst einer fleißigen Uebung eine natürliche Geschicklichkeit, und wem die Natur zu Hülffe kommt, den macht die Uebung zum Meister...*
Reiten, tanzen, singen, auch schiessen kan ja endlich noch ein jeder, aber wenn man ihm einräumen soll, daß er es als eine Kunst verstehet, so müssen seine Handlungen mit der Absicht und dem Erfolg so wohl zusammen stimmen... mit einem Worte, er muss in diesen Uebungen etwas Vollkommenes zeigen.
Nach diesen Erkenntnissen stellte MÖLLER für das **„Schiessen im Fluge und im Lauff“ sieben Regeln** auf, *„...die einen Fluchtschützen ausmachen, so ergibt sich von selbst, welche von einem jeden gar wohl erlernet werden können und welche hingegen ein Geschicke voraus setzen, dazu die Natur selbst den Grund gelegt haben muss.“*

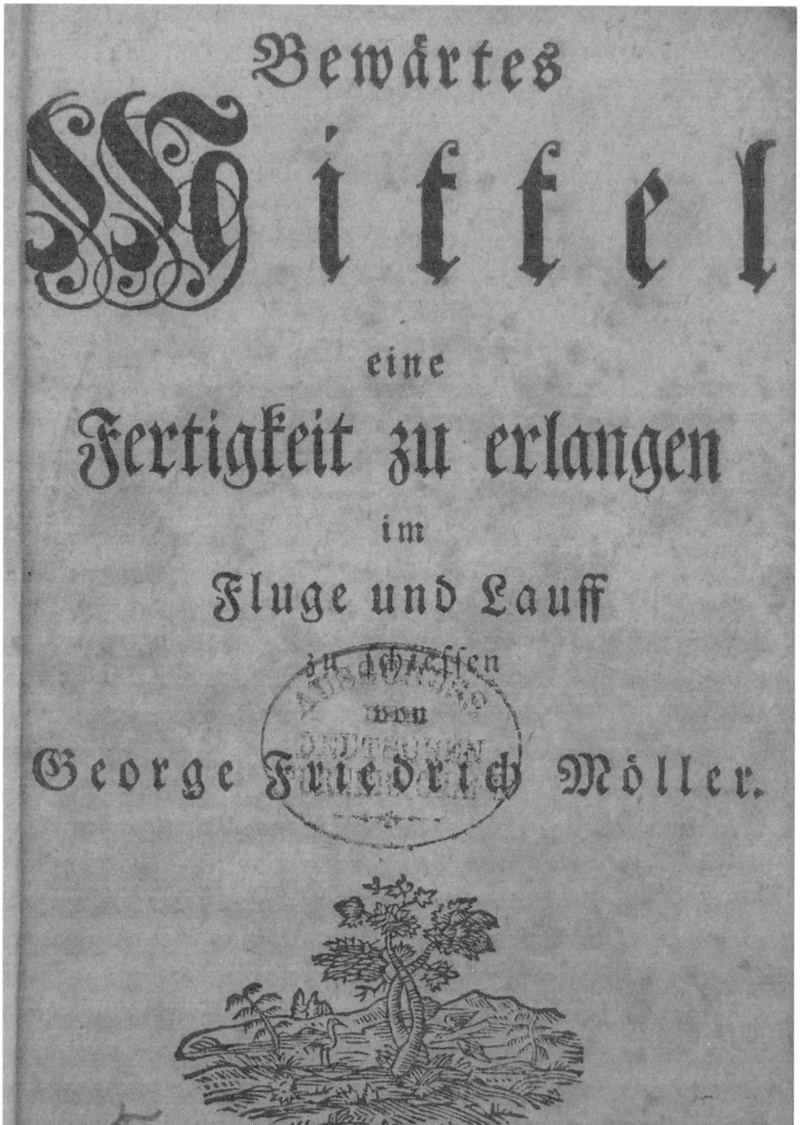
Bewärtes

Mittel

eine

Fertigkeit zu erlangen

im

Fluge und Lauff

zu schiessen

von

George Friedrich Möller.

Frankfurt an der Oder,
bey Johann Christian Kleyb, 1753.

Diese sieben Regeln lauten:

1. *Wer wohl treffen will, muss recht zielen können.*
2. *Ein Fluchtschütze muß nicht Feuerscheu seyn.*
3. *Ein Fluchtschütze muß sein Schießgewehr kennen.*
4. *Ein Fluchtschütze muß gut Augenmaas haben.*
5. *Ein Fluchtschütze muß sich hurtig entschliessen können.*
6. *Ein Fluchtschütze muß nicht hitzig seyn.*
7. *Ein Fluchtschütze muß sich fleißig üben.*

Ich will eine jede Regel kürzlich erläutern und sie vor die, welche sich auf diese Übung legen wollen, brauchbar zu machen suchen.

1. Regel: **Wer wohl treffen will, muss recht zielen können.**

Zielen, heißt das Rohr auf das Thier richten, so daß die Länge des Lauffs ein Stück von der geraden Linie wird, die man aus dem Auge auf das Thier ziehen kan. Man wird nicht anders treffen, als wenn man mit dem Rohr der Bewegung des Thiers folgt, und es beständig auf dem Korne behält. Man stehet fest auf einer Stelle, und indem man es wohl aufs Korn gefast,
so bemühet man sich mit dem Korne ihm vorzukommen, und in dieser Bemühung drückt man loß. Man ziehet also mit dem Thiere in einer Bogenförmigen Wendung des Rohrs, eine kleine Weile zugleich fort, bis man gewiß ist, daß man mit dem Rohre eben dieselbe Bewegung macht, darinn das Thier sich befindet, ohne es vorkommen zu lassen. Das ist gleichsam eine Art eines Wettlaufs. Aber diese Vorschrift erschöpft das Fluchtschießen nicht. Man hat noch auf dreyerley zu sehen, nehmlich auf die Weite, auf die Schnelligkeit der Bewegung, und auf die Linie, die das Thier nimmt.
Man wird auf diese Art allezeit ohnfehlbar treffen, wenn das Thier nahe genung, das ist, nicht über 30. bis 40. Schritte von uns entfernt ist. Diese Weite werde ich Schußrecht nennen. Man wird aber allzeit fehlen, wenn es merklich weiter weg ist, oder auch, wenn es sehr geschwinde forteilet. Hieraus folgt, daß wenn ein Thier nicht schußrecht läuft oder fliegt, man nicht das Korn gerade drauf, sondern vorhalten müsse. Aber nun kommt es drauf an, wie weit man eigentlich vorhalten müsse? und hierauf kan die Antwort anders nicht ausfallen, als daß man sich nach der Entfernung des Thiers zu richten habe. Ist es etwa nur 10 Schritt über die schußrechte Weite, so wird es genung sein, wenn man einem lauffenden Thiere vor die Brust, und einem fliegenden auf den Kopf hält. Ist es merklich weiter, so wird man eine Spanne lang, oder wohl eine ganze Thierslänge vorhalten müssen. Ist es so weit weg, daß die Schrothe nicht Kraft genug zu tödten behalten, so ist es unrecht, darnach zu schiessen.

2. Regel: **Ein Fluchtschütze muß nicht Feuerscheu seyn.**

Der ist Feuerscheu, der in währendem Abdrücken mit dem Rohr eine Bewegung wieder seinen willen macht. Man wird dergleichen Erschütterung oder Sinken des Rohrs, manchmal bei schon geübten Schützen gewahr, wenn ihnen die Flinte versaget. Hier kann anders nichts, als die Gewohnheit vor dem Schiessen zu erschrecken, die sich mit dem Abdrücken verknüpfet hat, zur

Ursach angegeben werden... oder es muss die blosse Vorstellung, daß es krachen werde, eben diese Bewegungen in den Nerven hervor bringen können, die von dem Blitz und Knall selber entstehen. Man findet diesen Fehler bey einigen mehr, bey andern weniger nach der verschiedenen Beschaffenheit der Nerven... Es mögen nun aber diese wieder Willen entstehenden Bewegungen herrühren woher sie wollen, man mag sie auch nennen wie man will, so ist leicht zu beweisen, daß sie bey einem guten Fluchtschützen nicht stattfinden. Bemerkt man also nicht die geringste Bewegung, so kann man sagen, daß er fest im Feuer liege.

<u>3. Regel:</u> **Ein Fluchtschütze muß sein Schießgewehr kennen.**
Das vornehmste von dieser Erkänntniß kommt darauf an, daß man weiß, wie es schiest, das ist, wie es die Schrote wirfft, wie scharf es schiest, und was vor Art Schroth es erfordert.
Man wird hierin einen grossen Unterschied bemerken, wenn man aber wählen darf, so solte billig die Wahl auf ein solches fallen, das den groben Schroth enge schiest, und dabey die Körner recht gleich austheilet. Wenn auf 40. Schritt wenigstens 20. Körner in einen Bogen Papier treffen, und ihn überall durchlöchern, so daß die Körner fast in gleicher Weite von einander vertheilt sich finden, so kan man versichert seyn, damit auf 60. bis 80. Schritt zu schiessen, weil der grobe Schroth die Krafft zu tödten viel länger behält als der kleinere, wenn auch dieser viel enger beysammen bleibt.
Sehr lange Flinten, dergleichen man unter den alten antrifft, dienen zum Fluchtschießen nicht. Denn weil das Korn nahe am Ende sitzt, und also weiter vom Auge entfernt ist, als an einer kürzeren, so muß man damit im zielen einen weiten Umschweif machen, als man in einerley Zeit mit der kürzern zu machen nöthig hat, man muß es also schneller bewegen, es ist aber ohnstreitig, daß eine schnellere Bewegung das zielen schwerer macht, als eine langsamere.
Hiernächst ist das vornehmste, daß es gut im Anschlag liegt. Nicht eine jede Flinte ist vor alle. Sie muß so an die Schulter anliegen, daß man beym zielen weder einen langen noch kurzen Halß machen darff. So wie man anlegt, muß man die Länge des Lauffs mit dem Korne im Auge haben, ohne daß man sich darnach neigen, oder sonst bequemen darf, deswegen muß der Anschlag weniger, oder mehr gesenkt seyn, nachdem man einen kurzen oder langen Halß hat, und er muß länger oder kürzer seyn, nachdem die Arme länger, oder kürzer sind, damit man im anlegen nicht erst damit weit ausholen dürffe, sondern das Zielen geschwinde und ohne Zwang vollbringen könne. Zu dem Ende muß man nur eine Flinte, dazu man sich schon gewöhnet hat, zum Fluchtschießen brauchen, und sich mit keiner anderen einlassen, weil theils die Schwere, theils das verschiedene Geschäfte einen Unterscheid macht, der einen aus der Fassung bringet, die man im Schiessen haben muß.
Endlich muß man sich um ein gutes Pulvermaas bekümmern, und die Ladung, die eine Flinte erfordert, richtig zu treffen suchen. Zuviel Pulver zerstreuet die Schrothe, zu wenig treibt nicht scharff genung.

<u>4. Regel:</u> **Ein Fluchtschütze muß ein gut Augenmaas haben.**
Obige Regeln zeigen deutlich, daß bei diesem Schiessen sehr viel drauf ankommt, zu wissen, wie weit ein Thier von uns entfernt sey? denn dieses muß entscheiden, ob und wie weit man vorhal-

ten müsse. Allein die Sache erlaubt kein ander ausmessen, als durchs Gesicht, demnach müssen wir diese Weiten nach dem blossen Ansehen zu beurtheilen wissen, das ist, wir müssen ein richtiges Augenmaas haben, darauf wir uns in allerhand Fällen verlassen können. Man macht sich hierzu einiger maßen geschickt, wenn man bey habender Muße verschiedene Weiten dem Augenmaas nach schätzt, und hiernach mit Schritten ausmist. Die öftere Wiederholung wird lehren, ob wir eine Fähigkeit erlangen können, dieses bey verschiedenen Weiten bis auf solchen kleinen Unterschied richtig genug zu schätzen. Auf der Erde gehet diese Uebung leicht an, aber in der Lufft kan man nicht mit Schritten messen, sondern muß sich eines anderen Hülfsmittels bedienen. Dieses ist so unbekannt nicht, denn es gründet sich auf die ganz gemeine Erfahrung, daß Sachen in der Weite kleiner, in der Nähe aber grösser aussehen, und nach solchem Grunde läst ich aus der Grösse des Bildes, so der Vogel im Auge macht, dessen Entfernung beurtheilen. Weil ein Thier am gewissesten fällt, wenn es schußrecht ist, so muß man auf die Fälle acht geben, da wir einen Vogel am öftersten getroffen haben, ohne ihn zu zerschiessen, und uns dabey feste eindrücken, wie groß er uns damahls geschienen. Wer sich dessen nicht zu erfreuen hat, und noch dazu in fertiger Beurtheilung fehlet, der wird auch gewiß kein guter Treffer werden, sondern bloß das Seinige beytragen, daß das Lufftschiessen nicht abkommt.

<u>5. Regel:</u> **Ein Fluchtschütze muß sich hurtig entschliessen können**

Man hat die Weite, die Schnelligkeit der Bewegung und die Linie, die es nimmt, sich vorher vorzustellen, ehe man den Schluß fassen kan, wie man halten, und wenn man abdrücken muß. Damit dieses dem Schützen nicht gar zu leicht werde, so mischet sich mehr als zu ofte noch der Wind in die Jagdlust mit ein, und nöthigt ihn, noch besondre Reguln zu beobachten, die nur dismahl statt finden, weil es windig ist. Bey stürmender Lufft auf die Jagd zu gehen, wird wohl niemanden leicht einfallen.

Soll dieses angehen, so muß die Natur zu Hülffe kommen, und die Gabe sich hurtig zu entschliessen, muß mit dem Schützen gebohren seyn. Es kommen… hier nicht verschiedene Reguln zusammen, allein wir wollen nur versuchen, daß das rechte tempo zum abdrücken eine Fertigkeit erfordert, die keine wilde Unternehmungen zum Grunde hat, sondern das bedachtsamste Verfahren eines gesetzten Wesens bey der geschwindesten Handlung voraus setzet. Wenn ich also als eine Eigenschaft eines guten Fluchtschützen das hurtige Entschliessen erfordere, so wird sich von selbst verstehen, daß davon das übereilte losplatzen aufs gerathewohl gänzlich ausgeschlossen sey.

<u>6. Regel:</u> **Ein Fluchtschütze muß nicht hitzig seyn.**

Der ist hitzig, der ohne Ueberlegung zur Sache schreitet, und der Schütze, der in diesen Fehler verfällt, schiesset zur Unzeit. Die Natur gehorcht uns deswegen nicht, weil wir uns wild bezeugen, sie ergibt sich bloß denen, welche die Mittel ergreiffen, die zum Zweck führen, und mit kaltem Blute klug seyn können. Je gelassener man beym schiessen seyn kan, je mehr hat man eine vernünftige Ueberlegung in seiner Gewalt. Denn mit einem grossen Verlangen ist eine Wallung des Geblüts verknüpft… Wenn bey allen Künsten überhaupt eine gewisse Fassung dazu erfordert wird, daß man das Seinige wohl ausrichtet, so ist sie auch bey dem Fluchtschiessen nöthig, so lange wir es unter die Künste zählen müssen. Da nun keine Fertigkeit ohne Uebung weder erlanget, noch auch in der Vollkommenheit beybehalten wird, so muß ein Fluchtschütze sich fleißig üben.

7. Regel: **Ein Fluchtschütze muß sich fleißig üben.**
Wenn man lange nicht im Fluge geschossen, so wird man die vorigen Schwürigkeiten finden, die Augen, die Arme und das Gelenk des zum Abzug bestimmten Fingers mit denen Bewegungen eines Vogels zusammen zu passen.
Man muß, wenn die Zeit kommt, da man das Fluchtschiessen nutzen kan, anders nicht, als im Lauff und Fluge schiessen, wenn man das Maschinenmäßige in die Gelenke bringen will, nach welchem sie sich den Reguln gemäß zu regen beginnen, ohne daß man weiter darauf denken darff. Ein Blick muß sie in die gehörige Bewegung setzen, ohne daß man sich die Worte dabey vorstellet: Ich will so weit vorhalten, ich will auf den Kopf zielen, nun ist es schußrecht, nun will ich abdrücken...
Sobald die vorkommende Umstände ins Auge fallen, müssen die Bewegungsnerven den Trieb empfinden, der damit zusammen stimmet, und wie kan diese Zusammenstimmung anders erhalten werden, als durch wiederholte Handlungen, das ist, durch fleißige Uebung.
Man kann ohne Feuer recht zielen lernen. Man spannet ein Stückchen Holz in den Hahn ein, das sich dazu schickt, statt des Steins den Pfanndeckel aufzuschlagen, dieses ist nöthig, um nicht Stahl und Stein ohne Ursach abzunutzen.
Wer sich auf solche Weise nur acht Tage lang, täglich eine halbe Stunde üben will, dem will ich die Gewähr leisten, daß das erste, wornach er im Ernst loßschießet, gewiß fallen wird, wenn es nur schußrecht ist. Doch will ich ihm zugleich die Erinnerung mit geben, über diesen Erfolg sich nicht auf einmal all zu sehr zu freuen, sondern vielmehr diese Übungen öfters zu erneuern, vornehmlich aber, wenn er lange nicht geschossen, solche von neuen vorzunehmen...
Sie mögen gewiss versichert seyn, daß ich ihnen zu gefallen nicht geschrieben habe, sondern daß ich ganz vergnügt dabey bleiben werde, wenn sie fernerhin mit allem Ernst, oder ganz verzweifelt in die Luft schiessen wollen.

Kommentar
Es ist doch höchst interessant zu erfahren, mit welch scharfer Beobachtungsgabe der Autor George Friedrich MÖLLER um die Mitte des 18. Jahrhunderts in so locker erzählender Weise diese z. T. heute noch gültigen Ratschläge vermittelt, um ein „sicherer Flüchtigschütze" zu werden, anstatt sich als „Luftschütze" dem Spott der Jagdgesellschaft auszusetzen. Diese originelle, lehrhafte und verdienstvolle alte Schrift verdient es, aufgrund ihres Inhaltsreichtums, zum Beispiel was die schussgerechte Entfernung betrifft, und versehen mit einer kritischen Würdigung, dem großen Kreis der heutigen Jägerschaft nicht nur aus jagdhistorischer Sicht zugänglich gemacht zu werden.

Im Sauener Jagdrevier angekommen

Das eigentliche Sauener Waldrevier wird eingerahmt von den so genannten „Grenzhecken", wegen des hohen Rehwildbestandes zum Teil auch der mir anvertraute Pirschbezirk. Die Grenzhecke, die sich vom Dachsholz bis zum Buddelbergweg hinzieht – er teilt das größte Gehölz des Pirschbezirkes – rahmt einen Feldstreifen ein. Dieser war in meinem ersten Sauener Jagdjahr mit Roggen bestellt und vom Rehwild gut besucht. An einer Birke an der Feldholzkante baute ich mir eine Ansitzleiter. Das Holz drinnen mit viel Unterwuchs bot gute Deckung für Rehe und Sauen. Mir wurde klar, bei dieser Struktur des Pirschbezirkes hieß es, nicht nur auf Rehwild ansitzen, sondern auch pirschen.
Zwischen den Feldern liegen zwei größere Feldgehölze, zumeist Kiefernaltholz mit Unterholz. Ideale Reviergegebenheiten für das Rehwild. Wie bereits vom Revierförster erwähnt, ist das der Pirschbezirk mit dem höchsten Rehwildbestand des Jagdgebietes Sauen.
Schnee und Frost gingen dem Ende entgegen. Die Sonne wärmte das Land auf, Vorfrühling kehrte ein. Ich nahm mir nun Zeit, beim Reviergang die einzelnen Pirschbezirke näher kennen zu lernen. Die Bezeichnungen 22 bis 27 kennzeichnen die jeweiligen forstlichen Jagen. Einen näheren Besuch stattete ich dem Pirschbezirk ab, in dem ich bei zwei Nachtpirschen fünf Sauen zur Strecke gebracht hatte.
Im Jahr 1979 war das Pflichtschießen in die Jagdgesellschaften eingeführt worden. Im Frühjahr folgte nun das erste Übungsschießen für alle Jäger der Jagdgesellschaft Neubrück auf dem von ihnen hergerichteten Schießstand. Fast ausnahmslos nahmen die Mitglieder der Jagdgesellschaft Neubrück am Übungsschießen zu den beiden aktuell angesetzten Terminen teil.
Die Bedingungen damals:

- drei Schuss Brennecke auf den laufenden Keiler
- drei Schuss Brennecke auf die Rehbock-Scheibe auf 35 m sowie
- zehn Wurfscheiben

Beim Schießen zeigte ich mich erfolgreich – die Brennecke saßen alle auf der Scheibe, wo sie sitzen sollten, und von den zehn Wurfscheiben ließ ich keine aus. Kein Wunder – noch während der Jagdkommandozeit, die teilweise auch als Einzeljagd ausgeübt wurde, lehrte mein Vater – seinerzeit Förster und Berufsjäger – mich jungen Dachs zunächst theoretisch jagdliches Schießen. Als er später Jungjäger ausbildete, brachte er mir auch praktisches Schießen bei. Er war ein ausgesprochen guter jagdlicher Schütze.
Beim anschließenden Jagd-Palaver überraschte mich ein Jäger der Jagdgruppe Sauen mit einem verlockenden Angebot: eine kleine Wohnung im Haus seiner Mutter, wo er selbst früher gewohnt hatte. Nach der Besichtigung nahm ich das freundliche Angebot mit Freuden an. So kam ich zu einem Jagddomizil inmitten des Sauener Reviers.
Damals begann die Jagd auf den Bock noch am 16. Mai. Im Frühjahr konnte ich ansitzen wo ich wollte – rundum Rehwild! Die geringen Jährlinge, die Knopfspießer wollten kein Ende nehmen. In jenen Jahren brachte ich es auf eine ansehnliche Strecke und wurde dafür sogar mit der „Hege-Medaille" ausgezeichnet.

Jagd ohne eigene Jagdwaffe

Wenn ich auch vom Jagdleiter zumeist den in seinem staatlichen Waffenschrank stationierten Drilling ausgeliehen bekam, träumte ich wie die vielen anderen DDR-Jäger vom eigenen Jagdgewehr, und wenn es nur eine Flinte gewesen wäre …
Eines Tages wurde ein weiterer Drilling vom Staatlichen Forstwirtschaftsbetrieb meiner Jagdgesellschaft zugewiesen und dem Jagdgebiet Sauen zugesprochen. Die Begründung: hohe Rotwild- und Sauen-Bestände können nur intensiv mit einer Kugelwaffe bejagt werden. Keine Frage – auch ich wollte, wie jeder Jäger, ein eigenes Jagdgewehr im Schrank stehen haben. Doch mehrere beim Erlaubniswesen der Bezirksbehörde der Deutschen Volkspolizei gestellte Anträge wurden stets abgelehnt mit der Begründung: Es stünden keine Freigaben zu Verfügung.
Ich erhielt einen Tipp: Der DDR-Segelflugweltmeister sei Jäger und besäße mehrere Jagdgewehre. „Suche ihn doch einmal auf seinem Übungsplatz auf, vielleicht überlässt er dir eines seiner Jagdgewehre?!"
Natürlich fuhr ich dort hin – unangemeldet… Und tatsächlich traf ich ihn an jenem Tag auch auf dem Flugplatz an. Wir führten ein Gespräch über die Jagd. Er sagte, zwar habe er nur wenig Zeit für die Jagd, doch keines seiner Jagdgewehre möchte er verkaufen. So machte ich mich unverrichteter Dinge und ein wenig traurig wieder auf den Heimweg…
Doch eines Tages erhielt ich einen weiteren Tipp: Der Schriftsteller Stephan Hermlin sei auch Jäger, und er besäße ein Jagdwaffe, doch zur Jagd ginge er nicht mehr…
Also meldete ich meinen Besuch bei dem bekannten Schriftsteller an. Ich erhielt auch eine Einladung und besuchte ihn in seinem Haus in Berlin-Niederschönhausen..
Bei unserem Gespräch stand selbstverständlich zuerst die Literatur im Vordergrund. Als schließlich die Rede auf die Jagd kam, erklärte er mir: er sei nie ein großer Jäger gewesen. Aber das Jagdgewehr – es hing dekorativ an der Wand – das wolle er nicht verkaufen, sondern selbst weiter behalten.
So musste ich nun weiter warten – erst „nach der Wende" erfüllte sich der „Traum vom eigenen Jagdgewehr".

Nur ein Spießer…

Junger Roggen, kniehoch begrenzt vom Feldgehölz und abgeschirmt von der übrigen Flur durch eine Baumhecke… am Waldsaum an der Birke die Leiter. Im Winter steht zu jeder Tageszeit Rehwild auf der Saat, und das geht so fort bis zum Frühjahr. Im April sehe ich mir die Stücke etwas genauer an. Sie wechseln aus dem Holz, halten sich auf dem Roggen längere Zeit zum Äsen auf, ziehen dann hinüber zur Hecke, um die Nacht im Feld zu verbringen. Mich interessieren zunächst die Jährlinge – wie „gut" oder wie „schlecht" sie sich zeigen.
Als Erster tritt hinter einer starken Ricke ein recht guter, junger Bock aus – mehr Sechser, denn Gabler. Wenig später trollt ein Jährling mit ungleichem Stangenpaar – kaum eine Schrotschussweite entfernt – allein ins Feld… die Ricke kommt viel später. Doch damit nicht genug: plötzlich stehen da zwei Stücke im Roggen, und die haben es recht eilig, in Richtung Hecke zu kommen. Beides Knopfspießer, die ihren Namen zu Recht tragen! Die Ricke fehlt – oder steht sie anderswo? – Soweit meine Beobachtungen…
Zu vorgerückter Stunde bei noch gutem Büchsenlicht zeigen sich nun die älteren Semester der Böcke. Langsam äsen sie sich vom Waldrand weg ins Feld – jeder für sich mit gehörigem Abstand voneinander. Ein Rücksetzer ist darunter – ihn merke ich mir ebenfalls vor!
Wo Ruhe herrscht, da tritt im Frühjahr das Rehwild beizeiten ins Freie – allen voran die Ricken und die jungen Böcke. Die „älteren Herren" vertreten sich etwas länger die Läufe in den Einständen, bevor sie den Weg in die „Öffentlichkeit" nehmen.
Dann kommt der 16. Mai… Vom Haus weg geht's zu Fuß zur Birkenleiter; ich beziehe den Sitz am späten Nachmittag. Ich sitze noch nicht lange, da kommt eine Ricke aus dem Getreide hoch und hat es eilig, ins Holz zu kommen. Klapperdürr ist sie – nicht zu übersehen: sie hatte bereits gesetzt. Jetzt wird es auch an meiner Waldseite lebendig: eine Ricke, hoch beschlagen, tritt vorsichtig aus der schützenden Deckung und zieht schnurgerade in den Roggen. Aber da drückt sich doch noch etwas am Waldrand herum? Wohl ein vorjähriges Kitz – vielleicht der ungleiche Spießer? Noch ein, zwei Schritte würden genügen… doch tritt er weder vor noch zurück… äugt statt dessen unschlüssig zurück ins Holz…
Längst schaue ich am Zielfernrohr vorbei… erwarte den erlösenden Schritt vorwärts – jetzt äugt der Bock geradeaus ins Feld der Ricke nach… – das sind Momente, die das Jagdfieber anfachen – wenn alles noch offen ist – wenn es so, oder ganz anders kommen kann…
Drinnen im Holz knastert es und – in rascher Flucht sucht „mein" Jährling das Weite – und hinterdrein ein Bock, ein junger Draufgänger mit prahlendem Sechsergehörn. Bis ins halbe Feld hinein verfolgt er den Spießer, der erst drüben an der Hecke wieder Halt macht. Der brave Sechser indes trollt zurück, stellt sich mir breit, plätzt am Waldsaum mit ganzer Kraft und verschwindet im Unterholz.
Das fängt ja gut an! – denke ich, schaue hinauf zu den Wolken am blauen Himmel und lausche dem Trillern der Lerchen... Ein Weilchen später blicke ich zurück ins Feld: aber da steht ja einer der beiden Knopfspießer! Wie ich zum Drilling greife… mich etwas nach rechts drehe…erscheint ein Reh – ich traue meinen Augen nicht: es ist der zweite Knopfbock! Rechts

ein Jährling – links ein Jährling – der eine bereits rot, der andere hat den Haarwechsel noch nicht ganz überstanden…
Zwei auf einen Streich? Das wär' etwas! Schon liegt die zweite Kugel in der Hand, die den Vorderschaft umfasst… mit dem Drilling rücke ich leicht nach links – eine läppische Entfernung – fasse mit dem Zielfernrohr den Halsansatz und reiße Funken. Im Knall stürzt der Bock… bleibt reglos liegen. Mein Blick wendet sich verstohlen nach rechts: wie angewurzelt steht der Zweite… Wieder lege ich den Drilling ins Schloss – der Bock beginnt zu äsen – der Schuss in unmittelbarer Nähe hatte ihn nicht gewarnt! Halbschräg steht er zu mir, ich halte kurz hinters Blatt… Keine zwei Wochen später hätte das inzwischen hoch stehende Getreide die beiden Knopfer vor meinen Kugeln geschützt…
Nachdem die beiden Böcke aufgebrochen sind und zum Ausschweißen an einem Aststummel hängen, beziehe ich erneut meine Leiter, es ist ja noch Ansitzzeit. Ein Weilchen hänge ich so meinen Gedanken nach… und denke an die nächste Vorlesung, die ich an der Uni zu halten habe…, da raschelt es hinter mir im Unterholz. Kurze Zeit später schieben sie sich aus – drei Überläufer – um ins Getreide zu wechseln. Wie der Eine auf kaum 20 Schritt die jungen Halme niedertritt, erfasst ihn das Absehen im Zielfernrohr – und raus ist die Kugel – und hingestreckt liegt die Sau… – „Ein Jagdtag wie aus dem Bilderbuch!" hätte mein Vater gesagt: „Zwei Jährlinge und ein Überläuferkeiler auf einen Streich! Hubertus habe Dank!"

Wenn die Kraniche balzen…

Ein Jährlingsbockerlebnis der besonderen Art bescherte mir das späte Balzgeplänkel eines Kranichpaares am Schwarzberg, einer mit Altkiefern bewachsenen Anhöhe umsäumt mit Robinienaltholz, im Inneren mit dichtem Unterholz bestanden.
Auf der Seite zur südlichen Grenzhecke hin richtete ich mir einen Sitzplatz hinter einer Robinie her. Vom Inneren des Hügels zog das Rehwild ins Feld und durch die Grenzhecke hindurch in das sich anschließende Feld. Mehrmals beobachtete ich einen Jährlingsbock, wie er durch gut kniehohes Getreide rasch durch die Grenzhecke ins angrenzende Feld zog. Dort spielte sich Abend für Abend das späte Balzgeplänkel eines Kranichpaares ab.
Da der Jährling es eilig hatte, vom Schwarzberg durch die Grenzhecke in den anderen Schlag zu ziehen, saß ich auf meinem, auf einem Stubben hergerichteten Sitz vergebens. Also entschloss ich mich und pirschte um den Schwarzberg herum zum anderen Feld.
Am Durchlass der Grenzhecke konnte ich die Kraniche nicht nur hören, sondern auch gut beobachten, wie sie in den Fahrspuren hoch und nieder hüpften.
Dahinter entdeckte ich in den breiten, glatt gefahrenen Traktorenspuren den Jährling, der auf einer kleinen, freien Stelle hin und her tänzelte. Für einen Schuss war er aber noch viel zu weit entfernt. Doch war die Fahrspur breit genug, dass ich ihn anrutschen konnte, und so wagte ich den Versuch. Mit einem mich deckenden Ast kroch ich also zum Heckendurchlass. Als mein Jährling von einem älteren Bock durch das Getreide gesprengt wurde, wollte ich fast schon aufgeben. Doch der Jährling kam trollend zurück auf die kleine Freifläche – ich erkannte die fingerlangen Spieße zwischen den Lauschern.
Jetzt war mein Augenblick gekommen – das Glas beiseite gelegt, und wie ich es gelernt hatte, langsam vorwärts rutschend Richtung Bock, den deckenden Ast vor mich haltend…
Die Kraniche flatterten weiter hinein ins Getreide, und der Jährling hielt aus… Schließlich war ich auf 60 bis 70 Schritt heran, legte den Ast quer und den Drilling darauf – und alles hielt der Bock aus! Er brauchte sich nur noch in Richtung meiner Fahrspur zu bewegen. Kaum hielt ich es noch aus in meiner unbequemen Lage… aber ich hielt durch. Und der Bock tat mir den Gefallen – drehte sich hin und her und stand schließlich quer in der Fahrspur… Ich hob den Drilling in Richtung Blattgegend – riss den Züngel durch – der Bock stürzte… kein Schlegeln. Da erhob ich mich endlich aus der unbequemen Stellung, näherte mich dem Bock – eine neue Patrone im Lauf – doch als ich auf ihn zutrat, war er schon verendet.

Zwei Erzkümmerer

An einem frühen Maientag – die Sonne stand hoch im Zenit – machte ich mich auf den Weg in die Kosakenberge. Im kleinen Modderbusch wollte ich zunächst die Suhlen kontrollieren und mich danach an einem benachbarten Kiefernhügel – in halber Höhe dem Kahlschlaghang gegenüber – auf einen Bock ansetzen. Ich wollte wohl mehr den späten Nachmittag und den heraufdämmernden Frühlinsabend genießen, als unbedingt schießen.
Zufrieden über den fleißigen Besuch der Sauen im Morast der Erlen spazierte ich auf kleinen Umwegen meinem Ansitzort zu.
Am Fuße jenes Hügels zwischen Roteichenkultur und Kiefernschonung machte ich Halt, um mit dem beschaulichen Blick des Wanderers, der die Schönheit der Landschaft aufnimmt, und mit der gespannten Aufmerksamkeit des Jägers den freien Hang mit seinen einzelnen Kusseln zu mustern. Schon wollte ich mich abwenden und meinen Weg fortsetzen, da sah ich noch mit halbem Blick ein rot schimmerndes Etwas auftauchen. Rasch drückte ich mich hinter eine der jungen Kiefern und schaute genauer hin: Richtig! Ein Stück Rehwild! Gute 200 Schritte mochten uns trennen. Ob nun Schmalreh, Ricke oder Bock – nur nicht durch unvorsichtiges Bewegen vergrämen! Vielleicht ruht noch ein weiteres Stück in der Nähe!
Also hieß es: sich lang machen und durch die halbmeterhohen Kiefern bergan rutschen! Alles verlief gut. Das Stück äste ruhig, trat hin und her, und ab und zu warf es auf…
Kaum hatte ich es mir hinter meiner Deckung bequem gemacht und das Glas zur Hand genommen, da trat etwas höher am Hang hinter einer Anflugkiefer ein zweites Stück hervor. Die Sache wurde interessant. Selbst ohne Glas erschienen mir die beiden Stücke – sie standen von hier gute hundert Schritt entfernt – als ausgesprochen schwach im Wildbret.
Die Frage war nun: Schmalreh und Jährling oder zwei jungfräuliche Rehdamen – oder gar zwei jährige Spießer?
Doch auch mit dem Glas war auf den ersten Blick hin guter Rat teuer, denn etwas „Stangen-ähnliches" ließ sich auf den Häuptern beim besten Willen nicht ausmachen. Die unteren Partien schieden zur Beurteilung ob männlich oder weiblich aus, sie waren verdeckt durch Strauchwerk und Gras. Da aber die beiden Stücke keine Eile zeigten und sich der Äsungssuche ausgiebig widmeten, konnte ich mir mit dem Ansprechen Zeit lassen. Dann, nach längerem Hinschauen glaubte ich endlich, bei dem tiefer am Hang stehenden Stück zwei winzige, dunkle Erhebungen entdeckt zu haben. Und als es den Kopf spitz von mir abgewandt einem hellen Hintergrund zuneigte, war ich mir sicher: Ein Knopfspießer, ein Jährling, den wohl der nicht allzu strenge Winter geschont hatte.
Behutsam griffen die Hände den Drilling. Eine schwache Kiefer vor mir gab eine sichere Unterstützung – und im Knall rutschte der Bock zusammen.
Das andere Stück indessen stand wie gebannt und sicherte … bange Minuten folgten: wird es aushalten oder abspringen oder im letzten Moment sich noch fort stehlen?
Schier eine Ewigkeit stand das junge Reh wie angewurzelt … es schien sich in eine rötliche Statue verwandelt zu haben …

Doch endlich – endlich kam wieder Leben in seinen Körper. Das Stück tupfte mit dem Kopf auf den Boden, als wolle es äsen – hob ihn aber sogleich wieder, trat unschlüssig einen Schritt vor… äugte den Hang hinauf… dann herüber zu mir und setzte schließlich seine unterbrochene Abendmahlzeit fort.
Erst jetzt griff ich zum Glas. Die winzigen Erhebungen, die nach längerem Hinschauen auf dem Rehkopf „zu tanzen" begannen, gehörten wohl doch mehr in das Reich der Einbildung denn in die Wirklichkeit.
Ich legte das Glas beiseite und suchte mit den Augen andere Bilder, ließ sie ausruhen auf dem zarten Grün oben am Hang, auf den schlanken, bräunlichen Kiefernstämmen am Rande der Kahlfläche im tiefen Blau des Himmels…
Doch Momente später zog es die junge Ricke zur rotbraunen Rehjugend zurück.
Auf 30 oder 40 Schritt wäre das Ansprechen ein Kinderspiel gewesen, aber über diese hundert Meter gehörte es zu den echten jägerischen Leistungen. Minuten um Minuten musste ich warten, bis endlich Bewegung in den Rehkörper kam. Der Kopf spitz von hinten vor einem alten, hellen Grasbüschel zerstreute dann aber doch jeden Zweifel – und als das Blatt frei wurde, hallte der Schuss. Eine tiefe Flucht – mehr ein Hinstürzen – dann Ruhe …
Nach kurzer Atempause stieg ich den Hang hinauf. Der Erste – halb im Brombeergestrüpp, halb von Altgras gedeckt, zeigte drei Zentimeter hohe Erhebungen über der Decke. Der Zweite mit halb-streichholzlangen Erhebungen auf den kaum erkennbaren Rosenstöcken gehörte zu den Schwächeren seiner Sippe. Doch zwei Jährlinge, die es dem Jäger schwer gemacht, die für jagdliche Spannung gesorgt hatten – gerade sie werden in der Erinnerung wach bleiben und mich diesen Frühlingsabend nicht vergessen lassen.

Dort wo der Fahrweg nach Pfaffendorf führt, und wo der Wald beginnt zwischen den beiden letzten Häusern der Sauener Sandscholle, führt der Fahrweg zum Schwarzberg vorbei an dem alten Feldbirnenbaum und hinunter zum Görziger Weg. Heute wollte ich rechtzeitig an der Wegkreuzung zum Buddelbergweg sein, um an der Liepewiese auf den Bock anzusitzen.
Wie ich am späten Nachmittag spazierend den Schwarzbergweg umlief, hörte und sah ich, wie sich auf der Robinienseite am Wegrand die Halme des Getreides bewegten. Gleich musste ein Reh auf den Weg treten…so vermutete ich. Doch was schob sich da heraus?
Eine Sau! Ganz frei stand sie auf dem Weg… sie schonte den linken Vorderlauf, knickte damit mehrfach auf dem Feldweg ein…
Ohne das Glas an die Augen zu nehmen, erkannte ich einen starken Keiler. Blitzschnell schoss mir der Gedanke durch den Kopf: Schießen oder laufen lassen? War die alte Schussverletzung (wie ich annahm) so stark, dass es den Abschuss gerechtfertigt hätte – auch wenn er erst 4 Jahre alt gewesen wäre? Ich entschied mich dafür, nicht zu schießen.
Schritt für Schritt tappte der Keiler auf die andere Wegseite und verschwand im Holz.
Ich setzte also meinen Reviergang bis zur Liepewiese fort und nahm dort Platz auf meinem Sattelstock.

Zu später Stunde trat schließlich aus der gegenüber liegenden Kieferndickung ein starker Bock heraus. Er hatte es recht eilig, über den kleinen Wiesenflecken in das sich anschließende Getreide zu verschwinden...
Tags darauf erzählte ich dem Jagdleiter das Keilererlebnis, er nannte mich freundlich einen „jagdlichen Dummkopf"- „So unvermittelt kommst du nicht gleich wieder an einen Keiler! Na, du kannst es ja morgen noch mal versuchen..." – der Rehbock war vorerst vergessen...
Rechtzeitig spazierte ich also am nächsten frühen Nachmittag den Feldweg entlang bis zum Feldbirnbaum und von dort aus pirschte ich – mehr stehend als gehend – um die Waldecke...
An besagter Getreidestelle verharrte ich reglos und horchte ins Getreide hinein. Da bewegten sich wieder ganz heftig die Getreidehalme... Ich kniete am Wegrand nieder und wartete, ob sich vielleicht die Sau wieder ausschieben würde.... und tatsächlich – ganz frei stand dieser grauborstige Kerl am Getreiderand – und tauchte mit dem kranken Lauf in die Furche am Getreiderand.
Längst hatte ich den Drilling im Anschlag – und als der Keiler schließlich ganz frei und breit vor mir stand, riss ich Funken! Die Sau raste über den Weg ins angrenzende Holz – und still ward es... ein gutes Zeichen, dachte ich...
Nach einer kurzen Zeit – ich wollte ja wissen, wo die Sau im Holz verendet liegen würde – ging ich zum Anschuss. Schweiß am Weg im Gras, am Waldrand noch mehr Schweiß... noch ein paar Schritte weiter – und da lag die Sau im Strauchwerk!
Ich trat von der Rückseite heran und berührte das Tier mit dem Schuh – mausetreckeltot! – wie man so sagt... Ich fasste das Tier an den Hinterläufen und zog es zum Wegrand. Nach meiner Feldmethode schätzte ich den Keiler auf vier- bis fünfjährig; eine ausgeheilte alte Schussverletzung des linken Vorderlaufes war die Ursache, dass der Keiler den Lauf schonte.
Der erste Sauener Sommerkeiler! Und vor allem ein „Hege-Abschuss" – zu dem mir der Jagdleiter nun mit einem kräftigen „Weidmannsheil!" gratulierte. Und der Revierförster meinte: „Eben erst in die Sauener Jagdgruppe aufgenommen. und schon so ein „Dusel"!

Trotz des jährlich hohen Jährlingsabschusses in allen vier Jagdgebieten der Jagdgesellschaft bei hoher Rehwilddichte immer wieder Jahr für Jahr viele geringe Jährlinge auf der Strecke.
Als Verantwortlicher für Wildbewirtschaftung plädierte ich für einen hohen Abschuss an weiblichem Wild, vor allem Kitzen beiderlei Geschlechts und alter Ricken zum Aufgang der Schusszeit.
Das war damals mein Rezept für eine dem Biotop angemessene Rehwilddichte. Den jährlichen Abschuss wertete ich in der Jahresabschlussversammlung der Jagdgesellschaft anhand eines Folien-Vortrages aus, detailliert nach Altersklassen in den betreffenden Jagdgebieten sowie insgesamt. Daraus leitete ich meinen Abschussvorschlag für das neue Jagdjahr ab.
Ich hatte mir selbst auferlegt, erst eine hohe Anzahl von Jährlingen zur Strecke zu bringen, und mich danach den älteren Semestern unter den Böcken zu widmen.

Der Widderbock

Gleich hinter dem Dorf, am Grünen Berg, dort wo Alteichenhorst und Pflaumengraben dem Feld die Geradlinigkeit nehmen, kannte ich einen alten Bock – stark im Gebäude und gehörnt wie ein junger Widder. Bereits im Vorfrühling, als das Feld noch braun und die Bäume und Sträucher noch kahl waren, hielt sich der im Kopfschmuck aus der Art geschlagene – so zumindest glaubten wir Jäger das beurteilen zu müssen – in diesem Winkel des Reviers auf. Morgens drückte sich der Bock an der Feldhecke am Pflaumengraben herum, zog mit dem Schürzenwild zu den Eichen und machte sich dort – wie die vielen frischen Schlagmale zeigten – an den Holunderbüschen zu schaffen. Dann schätzte er wieder die Gesellschaft der Rehdamen und folgte ihnen wie ein Lamm ins nahe Holz, das man den „Grünen Berg" nennt.

Von einer entfernteren Hecke, die sich zum Schwarzberg hin zieht, beobachtete ich mehrmals das „zu-Holze-Ziehen" der Rehsippe. Zugegeben: der Bock reizte mich, und mit zwei Ansitzen am Morgen schaffte ich mir ein Vorgefühl auf den späten Mai, wenn sich der Widderbock in der roten Sommerdecke präsentieren würde. Meine Neugier war so groß, dass ich mehr von seinen Hinterlassenschaften entdecken wollte – sozusagen als Bestätigung der Gewohnheiten im Inneren seines Einstandes.

Tief in das „Heiligtum" des Bockes brauchte ich nicht einzudringen. Gleich hinter den Schwarzkiefern am Rand des Grünen Berges, im vergrasten Anflug von Ahorn und Eberesche fand ich Plätzstelle neben Plätzstelle und da und dort zerschundene Stämmchen. Hier also verweilte mein Rehwidder, bevor er abends ins Freie trat und morgens in Richtung alter Weinberg weiter wechselte. Dass sich daran bis zur Schusszeit nichts ändern würde, darüber war ich mir sicher. Wer gibt schon ohne Grund seine festen Gewohnheiten auf? Zwar wird sich der Bock dann nicht mehr so ungeniert zeigen wie jetzt im Vorfrühling, doch dieser Umstand gehört ja zum Reiz allen Jagens, dass es nicht zugeht wie auf dem Scheibenstand.

Das Dorf liegt noch im festen Schlaf, da beginnt mein Tag. Auf leisen Sohlen stehle ich mich an Nachbars Hofhund vorüber, trete erst im Wald fester auf und richte mich hinter einer Schwarzkiefer für längere Zeit ein. Meinen Sitzstock drücke ich hinter Vogelbeerschossern fest in den Waldboden. Von dieser Stelle aus kann ich das Feld rechts und links der Hecke einsehen, auch halbrechter Hand die Eichen und den Ackerstreifen, der sie vom Wald trennt. Ein Gemisch von Gefühlen bewegt mich – eine Mischung von Naturbesinnung und Jagdlust. Und das ist es, was den heutigen Jäger von seinen Urvätern, aber auch von den Naturschwärmern und Naturschützern unterscheidet: Obwohl alles Tun und Denken der Jagd gehört und auf deren Ziel gerichtet ist, lässt das Naturgefühl, das die Romantik hervor gebracht hat, die Lust auf die Jagd, den inneren Drang, den Wunsch Wild zu begegnen, in einem ganz anderen, einem freundlichen Licht erscheinen.

Dem Naturliebhaber ist es gleichgültig, ob er an dieser oder jener Stelle mit dem Rehwild zusammentrifft. Ihn interessiert kaum, ob der Bock ein alter Haudegen oder ein Jüngling mit

dünnen Stangen ist. Er wird nicht empfinden – und von ihm wird es ja auch nicht erwartet – was in einem Jäger vorgeht, wenn er mit Jagdwild in Berührung kommt. Er kann nicht begreifen, dass sich echte Jagdlust vom „Schießertum" sauber unterscheidet, dass der Jäger durch seine Passion zum Bewahrer, ja zum Beschützer der freien Kreatur an sich wird.
Mit den ersten Sonnenstrahlen breitet sich ein duftiger Frühlingsschleier aus – Zeit fürs Rückwechseln der Rehe aus dem Feld – Zeit für gespannte Aufmerksamkeit…
Jetzt gibt es kein beschauliches Verlieren in Gedanken mehr. Das Rucksen des Taubers im Astgewirr der Eichen, das Tirilieren der Amseln, das Locken der Kleiber und die Lerchenlitaneien sinken augenblicklich zur Begleitmusik herab. Auf und ab gleiten die Augen, suchen hin und her…
Doch kein vorwitziger Jährling, kein Rehfräulein sorgen für erste Unruhe. Endlich kommt mit sachten Schritten die Erlösung in Gestalt eines Rehs daher gezogen. An der Hecke tut sich etwas – ein roter Rücken wird sichtbar, nimmt Gestalt an – und verschwindet wieder in den Sträuchern. Ein gutes Zeichen: das Kontrollieren der Hecke! Nun könnte eigentlich alles ablaufen wie voraus gedacht – so hoffe ich zumindest.
Nur wenige Minuten später tritt das Stück an der Spitze des Pflaumengrabens mir halb zugewandt ins Freie. Ohne das Glas in die Hand zu nehmen – ich bin mir sicher – greife ich zum Drilling und warte auf einen günstigen Augenblick. Der Bock aber hält in seiner Stellung aus – unentwegt sichert er in eine Richtung – und aus der Ruhe heraus prescht er los! In tiefer Flucht geht's über das Feld! Entwischt im besten Augenblick…! Zu früh hat das Jägerherz frohlockt! Doch ich werde weiter in Spannung gehalten – von der Anhöhe her hastet eine leuchtend rote Rehgestalt der Hecke zu auf das dunklere, stärkere Stück. Durch das Glas erkenne ich einen Spießer, und der Verfolger, der dem Vorwitzigen auf die Läufe half – ist mein Widder!
Vorbei der Spuk – Abschluss des Jagdmorgens? Oder wird der aufgebrachte Alte nach erfolgter Zurechtweisung des Jährlings in meine Nähe zurückkehren? Die Hoffnung auf meinen Widderbock hält mich fest und der taufrische, leuchtende Frühlingsmorgen nicht minder. Zweifel kommen auf: Vielleicht geht am nächsten Morgen alles viel gelassener zu? Und vielleicht wechselt der Bock dann stichgerade auf meinen Ansitzplatz zu – so denke ich und baue darauf.
Doch da lenken mich ein paar daher hoppelnde Mümmelmänner ab, die vor meinen Augen ihre Haschereien veranstalten. So sehr ziehen mich die Buckligen in ihren Bann, dass ich nur ganz zufällig bemerke, was rechts bei den Eichen im Feld vorgeht: dort in der Luzerne äsen zwei Rehe…
Die Hasennarreteien zählen nicht mehr – zerstoben sind die Gedanken um den nächsten Morgen. Gebannt starre ich auf die beiden Rehe, greife zum Glas und streife über beide Stücke – dacht' ich's mir doch! Warum soll der Bock eines Jährlings wegen den Tag über im Feld zubringen, wenn es Ruhe und Schatten im Unterholz gibt? Gute 150 Schritte mögen uns trennen. Der Zurückerwartete hatte also den Weg über die Anhöhe hinter den Eichen genommen und sucht nun hier die Gesellschaft eines der Schmalrehe.

Jetzt kommt Bewegung in den Rehkörper, jetzt zeigt er mir sein Blatt… und Schuss… und Ruhe… kein Fortflüchten. Lange halte ich's auf meinem Platz nicht aus. Mit raschen Schritten erst, dann immer vorsichtiger gehe ich auf die Stelle zu, wo der Bock liegen müsste. Im Gras vor den Eichen sehe ich's rot schimmern – da liegt er – mein Widderbock wie zur Flucht hingestreckt…
Längst schweigen die Nachtigallen, als ich meinen Weg feldein zum Schwarzberg nehme – der Sonne entgegen. Oft bleibe ich stehen, drehe mich um, schaue zu den Eichen hin, dort, wo mein Widderbock jetzt zum Ausschweißen hängt…

Wie ich so zulaufe, übersehe ich ihn fast im grellen Gegenlicht – den Bock, der ganz frei unterm alten Feldbirnenbaum plätzt. Der junge Herr mit der braven Sechserkrone ist mit Eifer bei der Sache, so dass er von meinem Kommen keine Notiz nimmt, auch dann nicht, als er aufwirft und nach allen Seiten hin sichert. So ungestört, so sicher fühlt sich der jugendliche Draufgänger. Dann noch ein übermütiges Auf und Nieder des Kopfes – und ab geht's in Richtung Schwarzberg, der eigentlich nur eine kleine Erhebung im freien Feld ist. Nicht eben elegant, mehr staksig und ungelenk verlässt der junge Sechser die Bühne.
Ich sehe ihm nach, bis er in der Deckung verschwindet, höre das leise Knacken der Dürräste und warte noch ein Weilchen, um ihn bei seinem Vormittagsbummel nicht zu stören…
Weiter nichts als ein herzerfrischender, jagdlicher Frühlingsmorgen, der sich allzu rasch im Alltagsgeschehen auflöst? Ganz im Gegenteil – das Gehörn meines Widderbocks bleibt mir als vergegenständlichte Erinnerung – es bewahrt den blühenden Maitag im Sauener Feld vor dem Vergessen.

Bockjagd zwischen Sonnenwende und Brunft

In den ersten Sommerwochen beginnt also das Waidwerk auf die alten Rauhbeine. Diese faulen Einzelgänger schussgerecht vor die Büchse zu bekommen, ist schon schwieriges Waidwerk und erfordert eine Menge Unverdrossenheit im Sitzen. Der Jäger muss es wissen, wann und wo er den heimlichen, alten Sommerbock zu erwarten hat. Dann wird tagelanges Harren – in Ausnahmefällen auch Pirschen – meist ein spannungsreiches Suchen des erhofften, wenn auch unvorhersehbaren, jagdlichen Ereignisses werden.

Lässt sich der alte, heimliche Bock weder am Abend noch in der Frühe an seinen Wechseln erhocken, versuche es der Jäger doch einmal während der Mittagszeit, der so genannten „Unterstunde". Da verlässt selbst der alte Bock die schützende Deckung und erscheint nach längerem Sichern geisterhaft still auf kleinen, freien Flächen – nascht auf einer Lichtung, zieht hinter einem Schmalreh über die kleine Waldwiese, oder er trollt durchs unterwuchsfreie Hochholz. Unbekümmert plätzt er vor einem Fichtenhorst, der sich inmitten eines Laubholzes befindet, und mit einem Mal tritt er aus dem Getreideschlag heraus und schlägt am Feldbusch.

Mit zwei oder drei Mittagspirschen oder Ansitzen wird der so überaus vorsichtige Bock aber kaum vor das Büchsenrohr zu bekommen sein. Auch der „Unterstundenbock" ist nicht auf die Minute verlässlich. Eine große Portion Geduld gehört schon dazu – geduldiges, wachsames Ausharren und Pirschen zeichnet ja bekanntlich den echten Waidmann aus – der sein Wild nicht mit der Uhr in der Hand, sondern mit dem Herzen erwartet.

Der Unterstundenbock vom Zillmerstein

Der „Zillmerstein" – ein Gedenkstein am Ende des Jagdbudenwegs an Hallmanns Feld, an der Grenze zur Sauener Flur, wo einst ein Jäger auf mysteriöse Weise ums Leben kam – erinnert an jenes tragische Ereignis. Die Kiefer hinter dem Gedenkstein war ein von mir bevorzugter Ansitzort auf Bock, Sau und Hirsch, wenn die auf dem bestellten Feld angebaute Frucht und die Jahreszeit passten.

Dort hatte ich einmal im Frühjahr, als der Schlag mit Roggen bestellt war, auf dem wachsenden Getreide einen Bock ausgemacht – stark im Gebäude und hoch auf mit tiefschwarzem Gehörn und alt – bestimmt über sechsjährig schätzte ich ihn. Solch einen Bock schießt man im heimischen Revier nur alle paar Jahre. Und diesen hatte ich mir nun in den Kopf gesetzt – doch auf gute Schussentfernung kam er mir lange nicht.

Im frühen Sommer – das Getreide stand hoch im Halm, war aber an vielen Stellen vom stürmischen Regen niedergedrückt worden – sei nun meine Stunde gekommen, so dachte ich und saß Abend für Abend auf der Leiter am Zillmerstein an. Doch der Ersehnte ließ sich nicht blicken.

So saß ich auch einmal an einem eher frühlingshaften Sommermorgen dort und blieb sesshaft bis in den spätern Vormittag an meinem Platz… Und da erschien das begehrte, heimliche, starke Rauhbein – von der dem Feld gegenüber liegenden Waldseite her trat er in den Roggen. Er hatte wohl im dichten Unterholz der Altkiefern den Vormittag im Bett verbracht und wollte sich nun für kurze Zeit die Läufe vertreten…

Doch auf Schussentfernung in Richtung meines Sitzes kam er nicht. Er ging im Getreide an einigen Lagerstellen auf und ab und tat sich dann nieder.

Ich blieb auf meinem Sitz bis über die Mittagsstunde – und der Bock blieb in seinem Getreideversteck lange Zeit – bis er doch einmal frische Luft schnappen wollte. Vielleicht aber wollte er auch seiner „Waldprinzess" seine Aufwartung machen? Plötzlich stand er da – der Waldschrat mit der tiefschwarzen Krone auf dem Haupt! Und nach eben dieser gelüstete es mich seit langem schon…

Auf keine zwanzig Schritt kam er quer zu meinem Sitz bedächtig durchs Getreide auf mich zu gezogen…

Mit der Repetierbüchse – einer alten Mauser – fasste ich ihn mit dem Teilmantel kurz hinters Blatt… und im Knall streckte er sich ins Getreide. Rasch stieg ich vom Sitz… ging die kurze Strecke auf ihn zu… betastete behutsam das stattliche, schwarze, gut geperlte Gehörn – was für eine Krone! Die mein Unterstundenbock, der Unvergleichliche vom Zillmerstein trug – sie ist eine der besten aus dem Sauen-Pfaffendorfer Revier!

Heimliche Zeit

Einen heimlichen, nur im Getreide und Strauchwerk der Buddelberge wechselnden Bock schoss ich wenige Tage nach der Sonnenwende. Im Frühjahr pirschte ich einmal zu später Nachmittagsstunde oberhalb der Liepewiese im Görzig-Pfaffendorfer Feld den Weg zwischen Stangenholz und Altkiefern hinauf – und plötzlich stand er vor mir – noch im winterlichen Graubraun, doch mit einem blank gefegten, tiefschwarzen Stangenpaar zwischen den Lauschern. Sie zeigten eine Andeutung davon, was der Bock vor drei oder vier Jahren getragen haben musste: eine pechschwarze, knuffige Krone.
Ein kurzes Beäugen – dann empfahl er sich mit ein paar tiefen Schmählauten in Richtung Getreide, von woher er gekommen.
Augenblicklich galt ihm mein Interesse. Im mit Altholz bestandenen und verstrauchten Hang, ein gutes Stück neben dem Weg fand ich dann seine Plätzbetten und Fegestellen, und am Getreide ganz deutliche Trittsiegel, die nur von ihm stammen konnten. Hier im sicheren, noch jungen Ährenwald hatte er also seinen Einstand. Hier zog er zu früher Abendstunde den Buddelberghang hinunter, um wieder in einen Roggenschlag einzuwechseln. Zu späterer Stunde stand er dann ganz bestimmt auf der Liepewiese – so reimte ich es mir zurecht. Doch am nächsten Tag fand ich dort nur im unteren Teil schwaches Geplätz und dünn angekratzte Stämmchen – Zeichen einer anderen „Handschrift“.
Demnach schienen seine allabendlichen Umgänge an dem Wiesenflecken nicht vorüber zu führen. Über den Buddelbergweg hinweg der Grenzhecke zu wechselte er auch nicht, denn hier fanden sich keine so starken Tritte. Doch ins Freie musste auch dieser „alte Kunde“ einmal treten – aber wo?
Unten auf dem Wiesengrund am Görziger Weg beherrschte ein prahlender Zukunftsbock das Geschehen. Dieser Ort kam auch nicht in Frage – vorerst nicht. Oder trat er dennoch auf der Liepewiese aus? Aber dann bestimmt erst mit schwindendem Büchsenlicht. Gegebenenfalls vermied er es tunslichst, durch Geplätz dort auf sich aufmerksam zu machen. Trotzdem saß ich eine Woche später probeweise dort an, aber mehr um zu hören als zu sehen.
Es mochte ein Stündchen vergangen sein, als aus dem Grabenbusch ein Stück Rehwild trat – ein Jährling mit kaum fingerlangen Spießen… Da zögerte ich nicht lange – im Knall raste er der oberen Waldkante zu und verschwand im Strauchwerk. Nach der obligatorischen Wartezeit untersuchte ich den Anschuss, fand Schweiß, in der Fährte mehr, also mit ziemlicher Sicherheit ein Herzschuss – und keine zehn Schritte weiter im Holz leuchtete es rot…
Aber was ist denn das? Halbarmstarke, zerschundene, Bäumchen – sichtlich mit Ehrgeiz bearbeitet! Und auch derb geplätzte Flecken finde ich beim näheren Untersuchen! Also zieht „mein Schwarzer“ doch hierher, nimmt aber wohl von der Wiese kaum Notiz. Neidlos überlässt er sie anderen, wechselt durch Buschwerk ins dahinter liegende Stangenholz und von dort durch hohes Holz und Kiefernanflug einem schmalen Grasstreifen im Feld zu.
Nun war mir klar, wie ich den Bock anzufassen hatte. Vom Rand des Stangenholzes, im oberen Stück des Hanges sah ich ein gutes Stück des Altholzes ein, das er – vom Getreide

kommend – durchwechseln musste. Zog er mehr im Inneren, wär' lediglich sein Plätzen und Schlagen zu hören gewesen. Bevorzugte er mehr die Grabenseite, dann führte ihn sein Weg auch über kleine, freie Stellen – und darauf setzte ich.
Mehrere Ansitze verliefen ergebnislos. Hitzetage kamen, dann wieder regnerisch kalte. Doch als noch vor Jahresmitte der Sommer sich besann, bezog ich eines Abends – etwas spät – wieder meinen Platz am Buddelberg. Die Sonne senkte sich bereits mit rotem Schimmer...
Kaum dass der Drilling schussfertig im Schoß lag, und meine Blicke über die freien Stellen im Altholz glitten, tauchte blitzartig etwa 50 Schritte vor mir ein starker, roter Wildkörper auf, der kurz hinter einer alten Kiefer verhoffte. Ohne Glas stachen die tiefschwarzen Stangen seiner ruhmlos gewordenen Krone in die Augen. Als er im Begriff war weiter zu trollen, erreichte ihn die Kugel.
Bis es dunkelte, wachte ich bei ihm; dann erst trat ich mit der verschränkten Last auf dem Rücken den Heimweg an. Frischer Waldduft umgab mich, an der Grenzhecke duftete es nach weißem Holunder, späte Hundsrosenbüsche glänzten unterm gestirnten Himmel. Seelenleicht schritt ich dem Schwarzberg zu; dort legte ich den Bock ab, tastete nach den starken Rosen und strich über die rauen, kaum geperlten Stangen. Im Augenblick gab es nichts Wichtigeres – mochte man auch Stunden zuvor mit der Weltgeschichte gehadert haben.

Beim Treiben abgepasst

Auf der Birkenleiter im Pfaffendorfer Feldholz saß ich im zeitigen Frühjahr; gegenüber an der Sauener Grenzhecke sah ich einen Bock wechseln, der viel zwischen den Lauschern hatte. Nach dem Fegen entpuppte er sich als Sonderling, der mein Interesse erregte. Aus der rechten Stange, kurz über der Rose, war eine Rücksprosse – lang und geschwungen – gewachsen. Eine Handbreit drüber dann die eigentliche Rücksprosse. Der Bock ließ sich von allen Seiten mustern und verschwand nach dieser kurzen Visite wieder in der Grenzhecke.Die Schusszeit war bereits ein paar Tage alt, ich saß wieder auf meiner Birkenleiter, da trat dicht neben der Leiter der Bock ins junge Getreide. Der Laubholzgrund dahinter und der obere Teil der Grenzhecke – einschließlich des dazwischen liegenden Roggenschlages – gehörten zu seinem Einstand. Plötzlich stand er da – und eh ich ihn so richtig mit dem Glas erfassen konnte, huschte er wie ein Waldschrat wieder zurück ins Buschwerk.
Nach Tagen sah ich ihn wieder dort – das Getreide war schon so hoch, dass ich nur den Kopf und ein wenig vom Hals zu sehen bekam. Das Getreide wuchs und wuchs; Sturm kam auf und Regen folgte, der den Roggen so arg beutelte, dass er an vielen Stellen flach lag. Diese Stellen wurden zum Spielplatz für die Brunft von Ricke und Bock – meines Bockes mit der tief angesetzten, langen Rücksprosse.

Zwei Abende beobachtete ich das wilde Treiben. Am darauf folgenden Morgen hoffte ich, dass Ruhe einkehren würde, denn in zwei, drei Tagen würde sich der Bock von der abgebrunfteten Ricke abwenden und auf die Suche nach einer anderen Ricke begeben.
Als ich im Dämmerlicht zum Sitz pirschte sah ich, wie die Ricke – gefolgt vom Bock – rasch vom Getreide ins Holz zog.
Ich saß und wartete... Es wurde sieben Uhr, es wurde acht Uhr – die Bühne blieb leer. An der Grenzhecke erschien ein Jährling; eine Ricke tauchte auf und wich mit tiefen Fluchten dem jungen Sechser aus. Wie ich nun das Glas beiseite legte und nach rechts auf die Lagerfläche schaute, kam ganz vorsichtig die Ricke aus dem Holz gezogen und hielt ohne Halt auf das hohe Getreide zu. Wenig später erschien der Bock am Waldrand. Nicht wie ein stürmischer Liebhaber setzte er der Ricke nach, nein er folgte ihr – wie ein braver Liebhaber – keine dreißig Gänge von meiner Leiter entfernt.
Das Glas zum Ansprechen brauchte ich nicht mehr. Als er der Ricke von der Lagerstätte ins hohe Getreide folgen wollte, fiel der Schuss...!

Der schwarze Sechser vom Buddelbergweg

Am Buddelbergweg, gleich hinter der Sauener Grenzhecke lief mir im Frühsommer bei den Morgenpirschen ein Bock mit knuffigem, tiefschwarzem, lauscherhohem und angedeutetem Sechsergehörn „über den Weg“. Doch erst zum Brunftende kam er mir wieder zu Gesicht, ja er lief mir regelrecht in die Arme.
Mich interessierten derzeit die Feisthirsche am Buddelberg. Von der Schafweide am Pfaffendorfer Weg kam ich und ging im Spazierschritt den Mittelweg zur Liepewiese hinunter. Vor der alten Lichtleitung fielen mir kräftige Plätzstellen auf.
Wie ich sie so musterte und mich nach Schlagmalen umschaute, huschte durchs Kiefernholz ein Reh, ein starkes – ein Bock mit dem Äser am Boden. Hatte er mich bemerkt oder sicherte er nur gewohneitsmäßig? Stocksteif stand der Bock und äugte stichgerade in meine Richtung. Als er den Kopf senkte und sich in Gang setzte, nahm ich den Drilling von der Schulter. Näher und näher kam der Bock, hielt direkt auf mich zu. Doch plötzlich stutzte er – keine fünfzehn Schritte vor mir – er musste das feine Blinken des Zielfernrohres bemerkt haben... Längst hatte ich ihn erkannt, den knuffigen, lauscherhohen, schwarzen Sechser vom Buddelbergweg an der Sauener Grenzhecke – im Augenblick des Abspringens fasste ihn die Kugel.

In der Feiste

Am Rande der Krähenberge, zum Pfaffendorfer Heuweg hin, hatte sich die Robinie in kleinen Horsten breit gemacht. Vom jährigen Schosser bis zum derben Stämmchen war alles vertreten.
Als ich zum Ende des Julmondes dort abfährtete – der Mais grenzte im besagten Jahr unmittelbar ans Holz – fiel mir außer den Trittsiegeln von Sau und Hirsch nichts auf.
Doch wenige Tage später leuchteten schon von weitem die zerschundenen Robinienstangen. Ich schrieb diese Tat den mir bekannten Junghirschen zu, doch wie ich ganz zufällig den Querweg zum Forst lang hin ging, erregten an einer lehmigen Stelle frische Rotwildtritte meine Aufmerksamkeit. Die Siegel meiner jungen Hirsche kannte ich, doch in diesem Fall handelte es sich um eine andere „Handschrift". Zweifellos – hier zog ein ganz starker Hirsch seine Fährte, der das Rudel mied, der zu anderer Zeit – zu später Stunde – wenn kein Geweihgeklapper ihn störte – hier wechselte.
Weite Wege gehören nicht zum Alltag eines betagten Feisthirsches: er will es – wenn nur irgend möglich – bequem haben. Also konnte er tagsüber in der Kieferndickung am Finkenberg seinen Ruheplatz haben, überlegte ich. Aber auch die angrenzenden, kleinen, geschützten Winkel kamen als Einstände infrage. Ruhe hatte er selbst auf diesen wenigen Quadratmetern und konnte auch ganz in ihrer Nähe suhlen.
Um ihm hinter die Schliche zu kommen, half mir der Finkenberg. Von seiner Kuppe aus hatte ich freien Blick über den ihm zugedachten Einstand – die Fichten hatten damals gerade Kniehöhe erreicht – den Streifen zwischen Kieferndickung und Altholz, den der Hirsch auf direktem Weg zur Feldäsung durchschreiten musste – konnte ich einsehen.
Vor allem konnte ich von diesem Posten aus hören, sollte er weiter ausholen. Erst dann, wenn ich sein abendliches zu-Felde-Ziehen überwacht und auch seine „Kirchgänge" belauscht hatte, wollte ich in seine Nähe rücken.
So hockte ich mehrere Male morgens und abends zwischen den Jungfichten oben auf dem Finkenberg – ein idealer Platz, das merkte ich gleich beim nächsten Ansitz.
Heiß war es an jenem Abend – kein Lufthauch, nur Mücken, die summten und Fliegen, die schwirrten. Die Sonne war längst hinter die Kiefern getaucht – da brach ein Ästchen unten in der Dickung, kurze Zeit darauf knackte es in den Buchen am Weg, der zur Suhle führt.
Dann hörte ich eine ganze Weile nichts mehr, bis ein fernes Planschen zu vernehmen war – die Suhle hatte ihn angelockt.
Um ihn auf seinen Wegen nicht zu stören beschloss ich, an Orte und Stelle zu übernachten. Noch bei Sternenlicht rieb ich mir am Morgen den Schlaf aus den Augen und horchte gespannt auf ein Zeichen des Hirsches… Da – mit dem ersten Grau kündigte er sich an. Die Tritte im Brombeergestrüpp unter mir waren nicht zu überhören. Mehr ahnen als sehen konnte ich schemenhaft eine dunkle Gestalt, die der Dickung zuschritt. Das war nun der Kirchgang – der allzu frühe, allzu rasche. Noch ein paar Minuten des Nachsinnens, dann siegte die Müdigkeit.

War es Allvaters Zeichen, das mich weckte, oder war es das Knacken schräg unter mir im hohen Holz? Träumte ich nur oder war es Wirklichkeit?
Nein! Da stand doch ein Hirsch am Waldrand und äugt meiner Hangseite zu. Und wie ich mit der linken Hand zum Glas tastete, traten ganz bedächtig seine beiden Gesellschafter hinzu. Was für ein Anblick – was für eine Zukunft! Stattlich sahen sie aus, die jungen Kronenhirsche, erhaben wie junge Majestäten. Mit hohem Haupt, ohne vom Waldgras Notiz zu nehmen, zogen sie seitwärts vor mir dem Hang zu und verloren sich im Birkengestrüpp.
Für den Abend nahm ich mir vor, in guter Entfernung von der Suhle zu sitzen, um die Vorsichtigen auf dem Weg dorthin abzupassen. Zu guter Letzt entschied ich mich dann doch lieber für meinen Beobachtungsposten, um nur ja nichts zu verderben. Dort unten konnte ich in den nächsten Tagen immer noch sitzen.
Als es auf die Stunde des Hirsches ging, und ich das Knacken eines Dürrreises herbei sehnte, schreckten mich derbe Schläge. Ganz nahe am Dickungsrand nahm er mit seinem Geweih eine Kiefer an und beutelte sie hin und her.
Ob er wohl in seinem Eifer unvorsichtig wird und vor sein Reich tritt? Ich hoffte es und war gefasst auf sein Erscheinen.
Da trat die erwartete Stille ein. Gebannt starrte ich auf die Stelle, wo er seinen Unmut ausgelassen hatte… Doch es blieb beim Hoffen: bis zur stockfinsteren Nacht weder der Hirsch noch Zeichen von seinem Weg.
Tags darauf kam das ersehnte Gewitter – es regnete bis in den späten Abend.
Am Morgen war ich dann wieder zur Stelle – doch mein Hirsch zeigte sich nicht. Auch das Rudel blieb aus. Endlich nach langem Zögern kam die Sonne hervor und verwandelte den Wald in eine juwelenbekränzte Welt. Ich beschloss nun zu bleiben.
Dem Sonnenstand nach mochte es die elfte Stunde sein, als sich unter mir in den Kiefern etwas bewegte – das waren doch Geweihstangen, die hin und her schwankten! Die Sonne lockte den Hirsch, der sich in seiner regennassen Decke unbehaglich fühlte.

Und ganz gegen die Gewohnheit, fast unvorsichtig, schob er sich aus den schützenden Kiefern und stand nun völlig frei im Mittagslicht.
Ein Mordskerl! Ein wahrer Recke von Hirsch, der sich da unten die Läufe vertrat. Einer von der ganz starken Art, der das Jägerblut in Wallung versetzen konnte! Doch von mir hatte er nichts zu befürchten! Ich schätzte ihn für einen vom 9. Kopf, vielleicht mag er auch schon zehn Jahre gewesen sein – zu jung, um mit frohem Herzen zur Büchse zu greifen.
Als er den Jungwuchs in Richtung Suhle durchschritten hatte, packte ich meinen Rucksack und trat den Heimweg an – Schlusspunkt der Mühe, die auch ohne den Schuss nicht umsonst gewesen war.
Wochen später – es ging schon auf die Brunft zu – versaß ich einen kühlen Septembermorgen oberhalb des kleinen Modderbusches der Hirsche wegen. Den langgestreckten Südhang liebte das Rotwild. Hier im jungen Baumholz gab es Beerkräuter im Überfluss.
Wie ich so in meinen Gedanken um den alten Bock spielte, der zur Brunft hier sein Spiel

getrieben und die Ricke den Hang hinauf und herunter gehetzt hatte, klapperte es schräg über mir. Die Hirsche! Durchfuhr es mich – nun sah ich sie, wie sich scherzend der kleine Pulk über die Kuppe ins Sonnenlicht schob… Im Glas erkannte ich die vorderen als junge Kronenhirsche. Ein Achter drängte nach vorn, und hinterdrein kam ein schwarzstangiger Jüngling gezogen – die Augsprossen nur angedeutet und auch sonst kaum vereckt. Als der Trupp näher kam, und dann der Schwarze ganz frei stand, fasste ich ihn kurz hinters Blatt – dann ein Aufstampfen der Läufe, ein wildes Fortbrechen… ein sich verlierendes Knastern und Knacken…

Gewiss war ich mir, doch ein unbestimmtes Gefühl drängte mich zum Anschuss: die Eingriffe… der Ausriss… dann dunkler Schweiß auf dem Heidelbeerkraut… doch zur Dickung hin durch die Anflugkiefern leuchtete es rot…! Und nun stand ich vor ihm – griff nach den tiefschwarzen, gedrehten Stangen. Groß war die Freude über den jungen, aus dem Rahmen fallenden Sechser. Auch der geringe Hirsch, der Kümmerer ebenso wie der Abnorme – auch sie gehören zur Feisthirschzeit.

Blattzeit

Anfang Juli – beim Reviergang – sprang an der südlichen Sauener Grenzhecke ein Bock ins angrenzende Getreide – stark im Gebäude, das Gehörn lauscherhoch und pechschwarz. Eine „unbekannte Größe", obgleich ich mir einbildete, so ziemlich alle Böcke im Sauener Revier zu kennen. Nur zu verständlich, dass mich dieser Stattliche besonders reizte. Die einzige Möglichkeit ihm aufzulauern hieß daher: ansitzen am Drosselgraben, einem ins Feld ragenden Heckenstreifen.

Schon mehrere Abende hatte ich hier gehockt, saß auch einmal zur Mittagsstunde dort – doch der Bock erschien nicht wieder – bis er mir zum Brunftende unerwartet vor die Bockbüchsflinte kam. Dort auf der Liepewiese, gute dreihundert Meter hinter der Grenzhecke, kannte ich noch einen anderen Bock, einen betagten mit kaum vereckten Stangen. Auch er hatte mich im Frühjahr schon mehrfach an der Nase herum geführt. Doch er war es diesmal nicht…

Heute nun hatte ein Gewitterregen die Luft gereinigt – es gibt kein besseres Wetter für einen Blattjagdabend! Am östlichen Ende der Wiese schlug ich also meinen Sitzstock zwischen den Pappeln auf und ließ mir etwas länger als üblich Zeit mit dem Fiepen. Nach geraumer Zeit versuchte ich dann doch mein Glück mit leisen, schmachtenden Liebesrufen… Keine Reaktion – nichts rührte sich. Erneut sandte ich die Lockrufe in Richtung Kiefern. Wieder folgte Stille. Sollte ich es ein drittes Mal probieren und nun die Fieplaute etwas länger ziehen und mit leisem Sprengruf enden? Mitten hinein in meine Gedanken stürmte plötzlich der

Bock aus dem Holz und stand spitz vor mir – keine 30 Gänge entfernt – spürbar klopfte mein Herz, und es schien eine Ewigkeit zu dauern, bis der Bock sein Augenmerk hoch in die Wiese richtete... Schon hatte ich die Büchse im Griff, berührte ich den Abzug – und der schwarz Gehörnte, der große Unbekannte war mein!

… Im Görziger Feld, im Einstandsbereich der südlichen Sauener Grenzhecke, hatte ich im Frühjahr einen stark im Gebäude erscheinenden Bock mit dicken Stangen zwischen den Lauschern ausgemacht. Das Feld zum Schwarzberg hin war mit Mais bestellt, auf dem langen Schlagstück zur Sauen-Görziger Straße stand Luzerne. Mit dem Aufwuchs der Luzerne ästen dort Ricken und Böcke und zogen zum Ruhen in den Mais oder zur Grenzhecke.
Im Juli brunftete das Rehwild auf dem Luzerneschlag. Gute, junge Böcke sah ich – nur nicht den Starken vom Frühjahr. Doch ich war fest davon überzeugt, dass er seinen Einstand im Mais hatte und den Ricken auf der Luzerne ebenfalls seine Aufwartung machte.

Nach dem 10. August wollte ich ihn mit meiner Rehfiepe Marke “Hubertus“ suchen. Mit Sitzstock, Zielstock und besagtem Lockpfeifchen in der Tasche pirschte ich an einem sonnigen Morgen zur Sauener Grenzhecke und nahm Platz auf der von mir vorbereiteten Stelle zwischen den ersten Maisreihen mit Blick auf den welligen Luzerneschlag. Kurz danach bummelten zwei junge Böcke über die Luzerne in Richtung Mais.
Als sie verschwunden waren, betätigte ich mein Lockpfeifchen und wartete…, wartete… - doch nichts ereignete sich. Sollte ich wieder in Richtung Ortschaft vorpirschen und dort erneut locken? Gedacht – getan.
In der ersten Maiszeile pirschte ich vor und erblickte etwa 200 Meter vor mir ein Reh, eine Ricke. Sofort stand ich still und nahm erst, als sie zu äsen begann, Platz auf meinem Sitzstock dann bediente ich mein Hubertuspfeifchen. Die Wirkung ließ nicht auf sich warten: heraus aus dem Mais preschte „Er“, der Bock. Durchs Zielfernrohr, angestrichen am Zielstock, erkannte ich helle, scheinbar dicke Stangen zwischen den Lauschern. Für einen sicheren Schuss erschien mir die Entfernung noch zu weit – abermals lockte ich mit leisen Fieplauten – und tatsächlich kam der Bock näher getrottet. Als er mir nah genug schien – der Drilling lag bereits schussbereit am Zielstock – stellte der Bock sich quer – ich berührte den Abzug…
Im Knall sah ich den Bock stürzen… Nach kurzer Zeit hielt mich nichts mehr am Platz: aus der Luzerne nahm ich einen Bock, der nicht nur alt war, sondern ein Gehörn trug, das dem Rehgeschlecht alle Ehre machte: dicke, kurz vereckte, starke Sechserstangen mit starken Rosen, eine wahrhaftige Krone, die mir St. Hubertus da geschenkt hatte. Zu solch einem starken Gehörn pflegte Freiherr Friedrich von Gagern zu sagen:

„… Die Krone war und ist wirklich eine Krone…“
(Zitat: Frh. Friedrich von Gagern: Zum Falkenbock, beschrieben in „Birschen und Böcke“)

An der Suhle am Ziegeleienberg

Am Ziegeleienberg in der Nähe der stillgelegten Bahnstrecke Beeskow – Fürstenwalde befand sich ein alter, schon oft reparierter Hochsitz direkt vor der Suhle am Waldrand in einem alten Feldbirnenbaum. Davor ein Grasstreifen, dann das Feld. Ein idealer Platz direkt vor der „Haustür" der Sauen – also vor der Kieferndickung hinter dem Waldmantel. Einige Birnenbäume am Rand der Suhle trugen Jahr für Jahr reichlich Früchte. Wenn die Birnen reiften und dann wie gesät im Gras lagen, tauchten prompt als Erste Bachen mit ihren Frischlingen noch bei gutem Licht auf. – Aber auch für die Junghirschrudel war dieser Flecken ein beliebter Äsungsplatz. Hier holten sie sich ihre Vorspeise, ehe sie ins Feld zogen.
Doch wenn ihnen die Sauen nur wenig von dem schmackhaften Kompott liegen gelassen hatten, erhoben sie sich auf die Hinterläufe, fassten mit dem Äser die tiefen Äste, zogen daran und schüttelten sie, dass die Birnen nur so ins Gras purzelten. Ein köstlicher Anblick! Niemals zerstörte ich dieses Schauspiel mit einem Schuss. Doch aus den Bachengesellschaften schoss ich von meinem Sitz im Birnbaum eine Anzahl Frischlinge, die dort wieder und wieder auftauchten, bevor sie mit den Bachen zusammen ins Feld zogen. Im Frühjahr brachen die Überläuferrotten in den Suhlenrändern und im sich anschließenden ungenutzten Vorland.
So saß ich wieder einmal dort an einem frühen Augustabend bei sommerlichem Wetter auf meiner hohen Birnbaumleiter. Vor mir oberhalb im Feld die Strauchinsel mit krüppelwüchsigen Kiefern, Birken, Ginster und Brombeergesträuch hinter dem breiten Grasrand. Da – plötzlich ein roter Fleck – im Glas erkannte ich Reinecke – er räkelte sich, machte sich lang, dehnte sich mit erhobenem Kopf und riss dabei den Fang auf. Diese Zeremonie wiederholte er ein paar Mal, dann verdrückte er sich im Feld… eine Fuchsunterhaltung zur Abwechslung. Ich wendete meine aufmerksamen Blicke wieder der Suhle zu… und da die Überraschung: bei noch gutem Abendlicht tauchte am Suhlenrand eine Sau auf – und was für eine! Sie tat sich gütlich im Schlamm, dass es nur so plantschte – kein Wunder bei diesen sommerlichen Temperaturen! Im Glas entpuppte sich die Sau als starker Keiler! Als er sich schließlich ausgiebig gesuhlt hatte, nahm er sich am Waldrand einen Baum vor und bearbeitete ihn vom heraus gewachsenen Wurzelbereich an aufwärts bis zum unteren Stammbereich. Als das Tier schließlich mit der Breitseite vor dem Baum stand, wäre das die richtige Stellung für einen sauberen Schuss gewesen…Der Drilling stand sauber im Anschlag, doch ich zögerte noch und versagte mir schließlich den Schuss.
Das „Hauptschwein" – ein Basse, wie er im Buche steht – ließ ich also weiter gemächlich durch den lockeren Waldmantel in die Dickung zurück wechseln. Doch im Moment, als ich nun abbaumen wollte, wechselte eine Bache mit ihren Frischlingen die Suhle an. Ich wartete, bis die Frischlinge im nieder getrampelten Gras vor meiner Leiter auftauchten und brachte einen Frischling zur Strecke. Die anderen wuselten herum, wollten der Bache ins Feld folgen, da traf es noch einen zweiten Frischling… beide sauber getroffen…na also!
Eine Woche später saß ich wieder im Birnbaum… aber nur die Bache, die ich schon kannte,

ließ sich mit ihren Frischlingen blicken...Doch bei schwindendem Büchsenlicht entschädigten mich drei starke Hirsche, die in Richtung Suhle zogen, jedoch schnurstracks weiter ins Feld zogen. Der Mais übte eine große Anziehungskraft auf sie aus – welch ein Anblick!
Am anderen Morgen saß ich dort noch bei Sternenlicht in Erwartung der Hirsche auf dem Rückwechsel... Bereits im hellen Licht kehrte die Bache mit ihren Frischlingen zurück – ich ließ sie passieren... Da sah ich von der Buschkuppe im Feld einen Hirsch anwechseln... ganz stark im Gebäude... wohl einer von den Dreien vom Vorabend. Er kam näher und näher – ein Recke, wie man ihn nicht alltäglich zu Gesicht bekommt. Schon hatte ich die Repetierbüchse im Anschlag. Als er auf 40...60 Schritt breit vor mir im Gras stand, fasste ich ihn Hochblatt – und fort raste er... hinein in die Dickung am Ziegeleienberg.
Bei der Untersuchung am Anschuss stellte sich heraus: keine Pirschzeichen! Glatt gefehlt! Die Kontrollsuche mit dem Rauhaarteckel des Revierförsters bestätigte es...
Nie wieder kam mir dieser Recke vor die Büchse! Keiner der Jäger, denen ich vom Fehlschuss auf den starken Hirsch erzählte, wollte mir glauben, dass ich einen so starken Hirsch gefehlt haben sollte. In der Aufregung bin ich wohl mit dem Absehen aus der Hochblattvisierung darüber hinaus gerutscht...

Am nächsten Morgen musste ich frühzeitig zu vorgeschriebener Stunde in der Redaktion erscheinen. Seit 1992 war ich Chefredakteur der Zeitschrift „unsereJagd“. Die seit 1954 im VEB Deutscher Landwirtschaftsverlag Berlin angesiedelte Zeitschrift wurde 1990 durch die BLV-Verlagsgesellschaft München. Der damalige Geschäftsführer des Verlages entschied, dass die Redaktion in ihrer personellen Ausstattung erhalten bleiben soll. Lediglich ein neuer Chefredakteur wurde gesucht, und die Wahl fiel auf mich. In dieser Funktion war ich von 1992 bis 2008 tätig.

Ein Denkmal für den großen „Moritzburger“

Der 66-Ender vom Ampte Fürstenwalde

In der Mark Brandenburg, in der Jakobsdorfer Heide – einem Waldgebiet südöstlich von Fürstenwalde – an der alten Waldstraße von Briesen nach Neubrück macht ein Denkmal auf die Erlegung eines außergewöhnlichen Hirsches aufmerksam. An dieser Stelle brachte am 18. September 1696 Kurfürst Friedrich III. von Brandenburg (1657-1713) der spätere preußische König Friedrich I. (ab 1701) einen Hirsch zur Strecke, der als „Moritzburger 66-Ender“ in die Jagd- und Kulturgeschichte einging.

Wie es zur Erlegung dieses Hirsches mit dem endenreichen Geweih kam, ist im Einzelnen nicht bekannt. Vermutlich handelte es sich dabei um eine „Pirschjagd“, eine Art Einzeljagd mit wenig Gefolge, die zu damaliger Zeit bei den Landesfürsten als „Brunft-Schissen“ der Hirsche mit der Steinschlossbüchse in Mode kam.
Der glaubhaften Überlieferung nach hatte an der Erlegung der kurfürstliche Heidereiter Andreas Siebenbürger besonderen Anteil. Er bestätigte in der Brunftzeit jenes Jahres diesen raren Hirsch in der Jacobsdorfer Heide im Jagen 84 der Oberförsterei Neubrück und machte pflichtgemäß seinem vorgesetzten Forstbeamten Meldung, der sie ebenso pflichtgemäß weitergab. Den „Heidereitern“ oblag es, das Rotwild in den landesfürstlichen Wäldern zu zählen, die Ergebnisse wurden zu so genannten „Brunftregistern“ zusammen gefasst.
Drei Wochen nach der Benachrichtigung durch den Oberförster kam der brandenburgische Kurfürst Friedrich III., der spätere König Friedrich I., in das Revier und erlegte den Hirsch mit einer schweren Pirschbüchse. Der vom Kurfürsten beschossene Hirsch soll in das nahe gelegene Kuh-Luch gezogen sein und auf der Nachsuche mit einem Jagdspeer den Fangstoß erhalten haben.
Die 112 cm lange Pirschbüchse mit einem achtkantigen Lauf bei neun Rundzügen im Drall erhielt später auf der Nussbaumschäftung eine 7 x 8 cm große Silberplatte zum Gedenken, dass damit der 66-Ender gestreckt wurde.
Warum aber wurde gerade diesem Hirsch eine so hohe Wertschätzung entgegen gebracht, dass man ihm und dem Erleger zu Ehren ein Denkmal errichtete, dass Künstler den Auftrag erhielten, den Hirsch zu porträtieren, um ihn und seinen Erleger unsterblich zu machen? Die außergewöhnlich hohe Endenzahl und die damit verbundene barocke Form des Geweihs entsprachen dem damaligen Zeitgeist vollkommen – einen „fürstlicheren“ Hirsch gab es nicht!
Der Kupferstich von Johann Elias Riedinger aus dem Jahre 1768 (also 72 Jahre danach) enthält die Inschrift:

„Diesen Hirsch von 66 Enden haben S. Majestät Fridericus I. König von Preussen im Ampte Fürsten Walde selbst geschoßen....“

Zunächst hatte die Trophäe im Jagdschloss in Königs Wusterhausen ihren Platz, bis sie 1728 ihren Besitzer wechselte und anlässlich eines Besuches Augusts des Starken in Berlin

„... selbst durch Kurfürst Friedrich III. von Preußen
an den Kurfürst August I. von Sachsen geschenkt wurden sei...“

Hierzu folgende Anmerkung: Kurfürst Friedrich III. (von Brandenburg!) ab 1701 preußischer König, war am 24. Januar 1713 verstorben. Der im Jahr 1728 regierende König von Preußen war Friedrich Wilhelm I. (1688-1740). Er ließ zum Teil die kostbare Ausstattung der Schlösser verkaufen oder „verschenken“, so möglicherweise auch diesen Kupferstich...
Der Legende nach soll August der Starke dem preußischen König als „Gegengeschenk“ eine ganze Kompanie langer Grenadiere dafür angeboten haben – ein Anerbieten, das vom „Soldatenkönig“ wahrscheinlich nicht ausgeschlagen wurde. Dass dieser Tauschhandel zwischen den Königshäusern tatsächlich stattgefunden hat und die „langen Kerls“ nach Preußen marschieren mussten, ist wohl nicht auszuschließen.

Im **Jagdschloss Moritzburg** erhielt die preußische Jagdtrophäe also im Monströsen-Saal über dem Hauptportal einen Ehrenplatz – sie hat ihn noch heute inne! Aufgrund dieser Präsenz ist das Geweih somit als *„Moritzburger 66-Ender“* in die Jagdgeschichte eingegangen.
Um den Wert der Trophäe noch zu steigern, hatte man jede winzige Erhebung auf der Stange als „Ende“ in die Zählung einbezogen und kam so auf 66 Enden. Nach heutiger Zählung bringt es dieses Exemplar allerdings nur auf 27 anerkannte Enden – und so wurde aus dem „66-Ender“ von 1696 ein „ungerader 30-Ender“ im Jahr 1969!
Die exakte Bewertung nach der internationalen Formel erfolgte durch BÖSENER und STUBBE. Danach brachte es das 6,145 kg schwere Geweih lediglich auf 185,865 Internationale Punkte und käme damit in den Bereich einer Bronzemedaille.
Mit der Präsentation dieses „66-Enders“ wie auch anderer starker, abnormer Rothirschgeweihe auf vergoldeten Köpfen im Monströsen-Saal des Jagdschlosses Moritzburg wird ein Hauch vom jagdlichen Glanz in absolutistischer Zeit spürbar.
Am Erlegungsort südöstlich von Fürstenwalde dagegen erinnert noch heute ein Denkmal an jenes jagdliche Ereignis, das sich heraushob aus allen anderen Jagden des preußischen Landesfürsten – sein Privileg der Hohen Jagd zu manifestieren, war es in besonderem Maße geeignet.
Doch auch heute noch – 324 Jahre später – steht dieses Denkmal gleichnishaft für jede Jagd auf Rotwild. In der Erinnerung derjenigen, die eine solche Jagd einmal erlebt haben, kann es große Gefühle erwecken, die über den Alltag des Lebens erhaben machen können.
Und noch etwas anderes hat uns dieses Hirschdenkmal in der Jakobsdorfer Heide zu sagen: Auch unsere Altvorderen haben sich um den Erhalt der Rotwildbestände bemüht – in gewissem Sinne als Zeichen für das Lebensrecht des Rotwildes in Brandenburgs Wäldern.

Zur Geschichte des Denkmals

Unter der Bezeichnung **„Acta Spezialia“** ist die Geschichte des Denkmals der Oberförsterei Neubrück als Dokument erhalten geblieben. Es betrifft die Aufrichtung und Erhaltung eines Monumentes in der Abteilung 84 im Jacobsdorfer Revier des „von Kurfürst Friedrich III. daselbst 1696 erlegten Hirsches von 66 Enden“. Diese bis heute erhaltene, jenes Denkmal bestreffende Urkunde vom 12. Februar 1707, ist der älteste schriftliche Nachweis der Erlegung überhaupt. Der Inhalt betrifft den auf „höchste Anweisung befohlenen“ Bau, der dann auch zügig in Angriff genommen wurde. Der Entwurf stammt von keinem Geringeren als dem Hofbildhauer und Hofbaumeister Andreas Schlüter (1660–1714) der seit 1694 am Berliner Hof tätig war.

Ein Schreiben vom Berliner Jägerhof 1707 an den „Wohlwollenden hochverehrten Ambtmann zu Fürstenwalde“ erteilt einen detaillierten Auftrag für den Bau des Denkmals:

> *„...worauf das Gehörn von 66zig Enden in Stein gehauen, vollgesetzt werden, an dem diesigen Ort, welcher von dem Herrn Oberforstmeister angewiesen...“*

Am 12. Februar 1707 wurde das Denkmal per Schiff von Berlin nach Biegen transportiert.

Über den Tag der Einweihung im Jahre 1707 – also elf Jahre nach Erlegung des Hirsches – sagt die Denkmalsakte jedoch nichts aus. Unbekannt ist auch, ob der Erleger, Kurfürst Friedrich III. von Brandenburg, persönlich der Einweihung des Denkmals beiwohnte.

Der handschriftliche (!) Text der Inschrift, wie er noch heute am Denkmal zu lesen ist, stammt erst aus dem Jahr 1863:

> *„...Diesen Hirsch hat in der Brunfft Zeit mit eigener Hand geschoßen der Durchlauchtigste Großmächtigste Fürst und Herr, Herr Friedrich Der Große Markgraff und Chur Fürst zu Brandenburg im Ambte Biegen auf der Jacobsdorffschen Heyde am 18. SEPTEMBr Anno 1696, hat gewogen Fünff Centner 35 Pfund, nachdem er schon 3 Wochen geschrien“*

Dass man später gern gewusst hätte, wie es im Einzelnen zur Erlegung dieses Hirsches kam, geht aus einer Anfrage hervor, die der Kammerherr von Normann im Auftrag des Kronprinzen Wilhelm am 12.6.1877 *„an den Königlichen Oberförster Wegner – Hochwohlgeboren zu Neubrück“* richtete:

> *„Nach einer Seiner Kaiserlichen und Königlichen Hoheit dem Kronprinzen gemachten Mitteilung sollen sich die Acten über den im Jahre 1696 von dem Kurfürsten Friedrich III. erlegten sechs- und sechzig-Ender Hirsch gefolgenen Verhandlungen bei der Königlichen Oberförsterei Neubrück befinden...“*

Die Antwort des Oberförsters lautete:

> *„Eure Hochwohlgeborenen beehre ich mich infolge geehrten Schreibens... ganz ergebenst mitzuteilen, das hier ein kleines Actenstück vorhanden... Dieses Actenstück enthält hauptsächlich nur Nachrichten über Bau und Reparatur des Hirschdenkmals. Näheres über die damals abgehaltene Jagd ist darin nicht enthalten.“*

Nicht ohne Grund wurde darüber nichts verlautbart – denn dem Erzählen eines alten Forstmannes nach soll der „Heidereiter“ als Leibjäger an das Königliche Hof- und Jagdamt befohlen worden sein.

Zur 200. Jubiläumsfeier 1896 wurde das Geweih aus dem Königlich-Sächsischen Jagdschloss Moritzburg per Eilfracht nach Briesen gebracht. Dazu gibt es folgendes Anschreiben vom Sächsisch-Königlichen Schlossverwalter:

> *„Euer Hochgeborenen... beehre mich hiermit ganz ergebenst bekannt zu geben dass, Hohen Befehls des Königlichen Hausmarschallamtes zufolge, das 66 Endengeweih mit Holzkopf in Kiste verpackt , gestern per Eilgut zur Eisenbahn hier gegeben respektive abgesendet worden ist. Beim Öffnen der Kiste, bitte erst Seiten-Querleisten losmachen zu lassen, wonach Deckel sich abhebt."*

Das Originalgeweih wurde am Sockel des Denkmals angebracht.
Im Festbericht von 1896 heißt es:

> *„Dem braven Grünrock in der weiten einsamen Kiefernheide ist es ja selten beschieden, Feste zu feiern. Um so eifriger ließ es sich die grüne Farbe angelegen sein, das vorliegende Fest zu einem recht würdigen zu gestalten, als ja ... die Liebe zum Waidwerk, insbesondere zum edlen Hirsch (der seit einigen Jahren freilich recht selten im Revier Neubrück den Brunftschrei hören läßt) den Hintergrund des Festes bildete... Da auch Damen ziemlich zahlreich erschienen waren, so wurde dabei zu einem Tanz in einer neben dem Denkmal errichteten Halle übergegangen."*

Ein Pokal des „66-Enders" wurde anlässlich des 200. Jahrestages der Erlegung des Rothirsches vom Kaiser für ein Festschießen am 18.9.1896 in der Jacobsdorfer Heide für preußische Forstbeamte gestiftet. Den als „Kaiserpreis" bezeichneten Pokal erhielt der Forstaufseher Böselt aus Neubrück mit 69 erzielten Ringen: 3 Schuss stehend freihändig auf eine in 100 Meter Entfernung stehende 24er Ringscheibe in der Nähe des Denkmals.
Im Jahr 1926, dreißig Jahre nach der 200-Jahrfeier, reichte der damalige Oberförster der Preußischen Staatsoberförsterei Neubrück an die Regierung für Domänen und Forsten in Frankfurt/Oder einen *„Kostenanschlag zur Wiederherstellung des 66-Ender-Denkmals..."* ein:

> *„...Das Denkmal hatte in der Revolutionszeit sehr gelitten, der Kopf des Hirsches war abgeschlagen, Teile des Sockels abgesplittert. Ich bitte um Genehmigung der Mittel, da das Denkmal historischen Wert hat."*

Die Regierung für Domänen und Forsten in Frankfurt/Oder genehmigte dafür 100 Reichsmark. Zehn Jahre später, 1936 richtete der Leiter des Forstamtes an den Landesforstmeister ein weiteres Schreiben, das den Zustand des Denkmals zu diesem Zeitpunkt charakterisierte:

> *„Da die Inschrift des Denkmals nicht mehr zu erkennen und das ganze Denkmal etwas erneuerungsbedürftig ist, bitte ich um Überweisung von 162 RM für die Instandsetzung..."*

Das ist die letzte Eintragung in der „Acta Spezialia".

Das steinerne Monument der Erinnerung an die Erlegung des besonders stattlichen „Geweihten 66-Enders" an der alten Waldstraße zwischen Briesen und Neubrück hat – wenn auch mit erheblichen Blessuren wie Gewehrschüssen an der Kopfseite und auf der Inschrift – beide Weltkriege überstanden. Und in diesem Zustand dämmerte das Denkmal als Torso

über weitere 30 Jahre dahin – ehe man sich seiner historischen Bedeutung und seines Wertes wieder erinnerte und sich schließlich zur Restaurierung entschloss.
Am 21. September 1996 jährte sich die Erlegung des „66-Enders“ nun zum 300. Mal.
Am Hirschdenkmal gab es eine Feierstunde und anschließend auch ein als solches bezeichnetes „Kaiser-Schießen“ – und zwar zu folgenden Bedingungen: Fünf Schuss über offene Visierung auf 100 Meter stehend freihändig. Das Schießen gewann Lothar Welke, Leiter der Oberförsterei Schwenow. Zu diesem Anlass hatte das Denkmal durch den Berliner Restaurator K. Krupinki neuen Glanz erhalten, Größe und Form blieben unverändert. Allerdings fehlte bei dieser Feier die Original-Trophäe!
An dieser Veranstaltung nahm auch Dr. Frank Siebenbürger teil, ein Nachfahre von Andreas Siebenbürger, des Heidereiters von 1696, der einst den stattlichen Hirsch bestätigt hatte. Wie dieser Mann berichten konnte, sei sein Vorfahre für seine Tüchtigkeit von Friedrich III. mit einem Bauernhof belohnt worden, der über drei Generationen im Besitz der Familie blieb.

Was gibt es aus heutiger Sicht am Denkmal des legendären 66-Enders zu würdigen? Den Hirsch mit einem derart außergewöhnlichen Geweih? Die Trophäe als sinnfälliger Ausdruck, wozu die Natur imstande ist? Ja, aber nicht nur das!
Das Denkmal in der Jakobsdorfer Heide südöstlich von Fürstenwalde soll uns heutigen Jägern folgende Botschaft vermitteln:
Jahrhunderte lang hat das Rotwild in und mit der von Menschen geschaffenen Wald-Feld-Kulturlandschaft gelebt und überlebt! Uns Menschen, insbesondere aber der Jägerschaft obliegt die Verantwortung dafür, dem Rotwild auch weiterhin diese seine Lebensräume zu erhalten – wenn auch keineswegs allein wegen der so begehrenswert erscheinenden Trophäe!
Hauptsächlich und vor allem aber geht es darum, einen Ausgleich zwischen den oft gegensätzlichen Ansprüchen des Rotwildes an seinen Lebensraum und den Interessen des diesen Lebensraum ebenfalls nutzenden Menschen herbeizuführen.
Wenn uns das gelingt, können wir mit Gewissheit und Freude jedes Jahr aufs Neue dem Brunftschrei der Hirsche entgegen fiebern.

Wegbeschreibung zum Denkmal:
Mit dem PKW Berliner Ring bis Dreieck Spreeau – weiter auf der A 12 in Richtung Fürstenwalde, Frankfurt/Oder bis Abfahrt Briesen. Weiter auf der Waldstraße Richtung Kehrsdorfer Schleuse bis zum Denkmal ca.1,5 km.

Christophs Lebenskeiler

Ein mir zum Freund gewordener Jäger – Christoph, der Arzt aus Frankfurt (Oder) – der zwar der Nachbar-Jagdgruppe angehörte, kam gern zu mir nach Sauen, um mit mir gemeinsam auf Bock und Sau anzusitzen. Alle Mitglieder der Jagdgesellschaft konnten sich auch in einer der anderen Jagdgruppen außer ihrer eigenen zur Jagd anmelden. Befreundete Jäger machten davon hin und wieder Gebrauch.

Mein Freund Christoph war mit dem Schießen überaus vorsichtig. Guter Anblick war ihm wichtiger, als ein Stück Wild zur Strecke zu bringen. So hatte ich ihn einmal auf meiner Birkenleiter an der Grenzhecke auf einen besonderen, sehr alten Bock angesetzt. Doch konnte ich ihn nicht vom Ansitz abholen, denn ich musste wieder zur Vorlesung in die Universität nach Berlin. Mein Freund beschrieb mir also nach dem Ansitz seinen Anblick auf einen Zettel, den er in meinen Briefkasten steckte. Als ich diese Nachricht am folgenden Wochenende fand und las, musste ich schmunzeln: Besagter Bock sei zu später Stunde im Anwechseln gewesen, jedoch nicht ins Freie getreten… doch er habe ihn „atmen“ gehört…!

Die Entschädigung für den „atmungsaktiven“ Bock war ein gemeinsamer Ansitz am Mais auf Sauen bei Liepe-Ausbau am Birnbaum. Bis gegen Mitternacht saßen wir bei gutem Mondlicht. Doch die Sauen ließen sich nicht blicken, kein „Stengelknacken“ war zu vernehmen, und so packten wir unsere Sachen.

Auf der Fahrt zum Sauener Domizil hielten wir am abgeernteten Haferschlag an der Grenzhecke – dort, wo die Birkenleiter steht. Ganz unten im Waldwinkel brach eine einzelne, starke Sau – ganz sicher ein Keiler. Da Tau lag, schickte ich meinen Freund pirschend in diese Richtung. Er kam gut vorwärts, die Sau hielt aus. Mit dem Glas hatte ich alles im Blick. Da fiel ein Schuss… und weg war die Sau.

Mein Freund gab Lichtzeichen mit der Taschenlampe. Mit seiner Wachtelhündin, die schon fieberte, ging ich geradewegs auf ihn zu. Er stand am vermeintlichen Anschuss und sagte, er sei gut abgekommen. Ich übergab ihm die Wachtelhündin und sagte: „Lass uns noch warten und uns beruhigen und erst dann den Anschuss untersuchen.“ Doch – wider die Regel – stürmte er mit dem Hund los!

Ich hatte Bedenken, denn der Keiler konnte ja angeschweißt im Wundbett sitzen… Also blieb mir weiter nichts übrig, als zu warten. Schließlich folgte ich mit wenigen Schritten ins Holz und rief ihn zurück, aber für ihn gab es kein Halten, auch seinen Hund konnte er nicht abrufen…

Doch plötzlich sein Ruf: „Sau tot!“ sie hatte keine zehn Schritte mehr gemacht. Im Schein der Taschenlampe nun ein erstes Betrachten und Begutachten: einen ganz starken Keiler, einen alten Bassen hatte mein Freund zur Strecke gebracht – ausgangs des Sommers auf der Haferstoppel. Die Freude war groß, und mein „Weidmannsheil!“ kam aus tiefem Herzen. Es war sein stärkster Keiler in seinem bisherigen Jägerleben – und es sollte seines Lebens letzter sein…

Beitrag in „*unsere**Jagd***“ zur Rotwildbewirtschaftung

Als man mir im Vorstand der Jagdgesellschaft Neubrück antrug, einen Beitrag zu den Ergebnissen der Rotwildbewirtschaftung in der Zeitschrift „*unsere**Jagd***“ zu veröffentlichen, lief man offene Türen ein – ich war längst Ständiger Freier Mitarbeiter der Zeitschrift geworden. Zur Vorbereitung des Beitrages gehörte auch ein Gespräch mit dem Jagdleiter des Jagdgebietes Ragow. Die Jäger dieses Jagdgebietes konnten auf einen vorbildlichen, altersklassengerechten Abschuss verweisen. Darüber hinaus wollte ich im Beitrag ein Bild des alten, starken, vom Jagdleiter gestreckten Hirsches aufnehmen.
Der Jagdleiter wohnte im Schloss des ehemaligen Rittergutes Ragow. In unserem Gespräch erwähnte er im Zusammenhang mit der Rotwildbewirtschaftung, dass der vormalige Besitzer des Gutes ein sehr passionierter Jäger gewesen sei und über seine Abschüsse ein Jagdbuch geführt habe. Dieses aber sei leider verschollen…
Der Beitrag zur Rotwildbewirtschaftung in der Jagdgesellschaft Neubrück erschien in der Ausgabe 10/1982 der Zeitschrift „*unsere**Jagd***“. –

Darauf hin schrieb mir der Forstmann Erich RASPER aus Lipsa, er habe meinen Artikel mit besonderem Interesse gelesen und möchte mir ganz unverhofft aus seiner Praxis im Revier Ragow berichten:
… „Von 1933 bis 1938 war ich Revierförster in Ragow, wo eine Frau von Arnim Besitzerin von Schloss Ragow sowie dazugehöriger Ländereien war. Wir hatten eine Holzbodenfläche von 1885 ha, dazu einige hundert Hektar Bauernwald und die Feldgemarkungen der Dörfer Ragow und Merz, sowie die Felder des Gutes Ragow und Merz mit ca. 750 ha. Der Abschuss an Rotwild belief sich auf 30 Stück jährlich und 70 Stück Rehwild. Im Spätherbst fand eine große Lappjagd statt. Abends vorher wurde ein Stück Feldkante hufeisenförmig eingelappt, ca. 250 ha. Die offene Seite des „Hufeisens“ am Feld entlang wurde am Jagdtag morgens geschlossen. Genau bekannt ist mir noch die Strecke von 1937: Da gelang es uns, 82 Stück Rotwild einzulappen; 22 Stück kamen zur Strecke – sehr zum Leidwesen der Besitzerin. Die Jahre vorher erreichten wir nicht ganz diese hohe Strecke. Der Jahresplan konnte regelmäßig erfüllt werden. Als Schützen fungierten Generäle und der Hohe Adel von Brandenburg.
Da die Masse des Rotwildes aus den Revieren Schwarzheide, Neubrück und Biegenbrück auf die Ragower Felder austrat, gab es natürlich Wildschaden. Doch trug die Gutsverwaltung davon das Meiste, so dass wir kaum zur Kasse gebeten wurden. Auf den Merzer Feldern trat reichlich Schwarzwild aus. Da zahlten wir jährlich ca. 2000 Mark an die Bauern Wildschaden. Frau von Arnim hörte sehr auf Klatsch und informierte sich laufend durch die mir unterstellten Hilfsförster. Es gab Differenzen und ich verließ 1938 das Forsthaus an der Chaussee Beeskow-Müllrose. Mit Frau und Kindern wanderten wir nach Ostpreußen aus, wo ich im Seengebiet des großen Mauersees (Masuren) ein einmalig schönes Mischwaldrevier auf Lehmboden bis zur Flucht leitete.
Unbekannt grüßt Sie mit Weidmannsheil Erich Rasper.

Zur Geschichte eines interessanten Dokumentes

Der Schöpfer des „Jagdbuches“ – Christian KRÖNER – war ein Jagd- und Landschaftsmaler des 19. Jahrhunderts. Christian KRÖNER, am 3. Februar 1838 in Rinteln an der Weser geboren, war zu Lebzeiten in Jägerkreisen wie bei Liebhabern der bildenden Kunst hoch geschätzt und galt als bedeutendster Vertreter seines Faches. Sein Name verband – und verbindet sich noch heute – besonders mit „Hirschbildern“ aller Couleur, die er in einer Vielzahl variantenreich entsprechend dem Geschmack der Zeit gestaltete. Wenngleich das Rotwild und auch die Schwarzkittel hoch in der Gunst des Malers standen, hat KRÖNER mehr geleistet, er hat der Nachwelt Bleibendes hinterlassen, was ihn vor dem Vergessen bewahrte. Sein Talent, seine Meisterschaft zeigen sich in einer Vielzahl von aquarellierten Tierskizzen, Studien, Zeichnungen und Landschaften. Die Bilder „Am Brocken“ und „Harzlandschaft bei Schierke“ strahlen impressionistische Frische aus, wohltuend fürs Auge schaffen sie Stimmung und lassen die Berglandschaft erleben. KRÖNERS Zeitgenossen feierten ihn als „Entdecker der deutschen Landschaft“.

Wie lebte und arbeitete Christian KRÖNER als Maler? Ganz selbstverständlich trat er in die Fußtapfen seines Vaters und lernte Dekorationsmaler. In seiner freien Zeit skizzierte KRÖNER in Rintelns Umgebung und hatte auch Gelegenheit, mit auf die Jagd zu gehen.
Bald reifte in ihm der Entschluss, Kunstmaler zu werden. Als Dreiundzwanzigjähriger ging KRÖNER im Sommer 1861 nach München, *„um in der Kunst einen Versuch zu wagen“*. Als späteres Mitglied der Preußischen Akademie der Künste schrieb er in seinem Lebenslauf: *„Die Münchener Jagdmaler sagten mir nicht zu. Ich war wohl schon ein zu guter Jäger und Beobachter, so dass ich das Wild und den Wald mit anderen Augen sah, und so malte ich für mich, und war und blieb Autodidakt“*.
Von München zog es ihn 1863 nach Düsseldorf in eines der großen Zentren der modernen Landschaftsmalerei. Als sich 1866 mit einem Ölgemälde erster Erfolg einstellte, nannte das KRÖNER: *„Die Wende in meinem Leben“*. Mit wahrer Intensität malte er *„...auf der Jagd erlebte Szenen, wie ich sie gesehen...“*. In Düsseldorf richtete er sich ein eigenes Atelier ein. Angebote der Kunstakademien Berlin und Karlsruhe schlug KRÖNER aus, er wollte seine Ungebundenheit bewahren, brauchte die freie Natur als Maler wie als Jäger und zwar nicht nur zu festgesetzter Zeit. Der Heimatlandschaft, dem Weserbergland, blieb er treu, kehrte immer wieder zurück, um zu skizzieren und vor allem auch, um zu jagen.
Das „Jagdbuch“ Christian KRÖNERs stammt aus dem Jahre 1890; er gab es heraus

„mit dem Wunsche, dass es von den Waidgenossen freundlich angenommen und angesprochen werde“.

Ein Jagdbuch, das soll sein:

Ein Buch, worinnen eingetragen wird,
was und wie viel Wild der Waide-
mann mit eigener Hand erleget und
gefället und was er in eigener Praxi
beim Waidwerken erfahren.
Geführt von ....

Die originalen Entwurfsbleistiftskizzen des im Illustrationsteil des Jagdbuches geführten „Immerwährenden Jagdkalendes" – befinden sich im Heimatmuseum Rinteln, der Geburtsstadt KRÖNERs. Je mehr er selbst Jäger wurde, um so mehr trat das Tier der freien Wildbahn in seinen Gemälden in den Vordergrund – im strengen Naturalismus, doch stets in der Einheit mit seiner natürlichen Umgebung.

„Waidmannsheil! ..heißt es, wenn der Jäger zu Holze zieht;"
„Waidmannsheil! ..rufe ich allen guten Jägern zu, denen dies Buch zu Händen kommt."

Nach langjähriger Erfahrung auf der Jagd habe ich dies Buch mit Illustrationen, Fährten, Jagdkalender usw. unter Benutzung einiger alter Jagdreime zusammengestellt in der Voraussetzung, einem Bedürfnis in der Jägerwelt damit zu entsprechen, und mit dem Wunsche, dass es mir gelungen sein möge, ein künstlerisch interessantes und zugleich praktisches Jagdbuch zu schaffen. Die Illustrationen sind fast ausschließlich Skizzen nach der Natur, wie ich sie als Jäger und Jagdmaler empfunden. In Betreff der Fährten und Spuren habe ich bemerkt, dass in vielen auf die Jagd bezüglichen Büchern nicht die Tritte des Wildes wiedergegeben sind, sondern in der Regel die Untersicht der Läufe, wonach es doch nicht möglich ist, eine Fährte genau zu unterscheiden und richtig anzusprechen.
Es ist bekanntermaßen sehr schwer, den abgelösten Lauf eines geringen Hirsches von dem eines Alttieres zu unterscheiden, doch sind die Tritte der Beiden auf dem Boden sehr verschieden. Ich habe daher Fährten und Spuren mit möglichster Genauigkeit nach den Eindrücken im Boden gezeichnet, um den angehenden Jäger auf die Verschiedenheit derselben hinzuweisen, es soll sich aber Keiner unterfangen zu glauben, nach Zeichnung und Beschreibung fährtengerecht werden zu wollen, sondern allein stete Übung in der Praxis bleibt die unbedingte Notwendigkeit.
In die zwei verschieden gedruckten Rubriken möge jeder mit Gewissenhaftigkeit eintragen, was und wie viel Wild er selbst mit eigener Hand erlegt; die leeren Blätter sollen dazu dienen, alle besonderen Jagdereignisse aufzunehmen, um ein Revier zu schaffen voll interessanter Erinnerungen, in denen der Jäger in späteren Tagen mit hoher Freude einen Pürschgang unternehmen kann.
Dies sind die Gedanken und Gründe, welche mich bewogen haben, das vorliegende Buch zu schaffen, und ich gebe es heraus mit dem Wunsche, dass es von den Waidgenossen freundlich angenommen und angesprochen werde.
Düsseldorf, den 1. September 1890 Ch. Kröner

Nach einem erfüllten Maler- und Jägerleben starb KRÖNER am 16. November 1911 in Düsseldorf. Als ein Jahr darauf sein Nachlass ausgestellt wurde, umfasste dieser noch über 800 Titel. Christian KRÖNER war ein bei allem Erfolg rastlos Schaffender, nie Ruhender, voraus Denkender.

Das Kröner'sche Jagdbuch –
geführt von Hans von WITTE –
gerettet von Erich RASPER und Franz RICHTER

Eines der ältesten geführten Kröner'schen Jagdbücher befindet sich heute in den Händen des Autors dieses Buches. Das im Jahr 1890 von Christian KRÖNER im Düsseldorfer Druck und Verlag von August Bagel herausgegebene „Jagdbuch" wurde geführt von Hans von WITTE, dem Besitzer des Gutes Ragow in der Mark Brandenburg bei der Stadt Beeskow.

Zu seinem Geburtstag am 1. Juni 1892 erhielt er das „Jagdbuch" von seiner Frau als Geschenk mit der Widmung „Meinem geliebten Hans ein frohes Waidmannsheil!"
Das Schicksal dieses „Jagdbuches" gestaltete sich recht interessant. Hans von WITTE, Königlicher Kammerherr und Rittmeister, geboren am 1. Juni 1848, kaufte 1887 von Bernhard von der Schulenburg das Gut Ragow in der Mark Brandenburg. Der Besitz umfasste das Schloss mit einer weitläufigen Parkanlage sowie 1887 Hektar Wald- und ca. 750 Hektar Feldflächen. Zur Jagdfläche gehörten außerdem noch einige hundert Hektar Bauernwald und die kleinbäuerlichen Feldgemarkungen von Ragow und vom Nachbardorf Merz.
Hans von WITTE führte das Krönersche Jagdbuch sehr gewissenhaft. Die erste Eintragung im Jagdbuch datiert auf den „1. August 1882: in Ragow 1 Rehbock erlegt".
Die letzten Eintragungen stammen vom „18. Juli 1926: 1 Rehbock im Jagen 9 geschossen", und am „28. August 1926: 1 Rehbock im Jagen 2." Bis 9. Oktober 1924 habe ich erlegt 1088 Stück Wild, darunter 410 Hirsche – eine stattliche Summe.
Die von Christian KRÖNER eingerichteten „Seiten für Bemerkungen" sind leider nicht beschrieben – aus heutiger Sicht wären aufschlussreiche Besonderheiten zur Erlegung und zur Stärke der Trophäen sicher besonders interessant, zumal die alten Ortsbezeichnungen auch heute noch bekannt sind und benutzt werden.
Hans von WITTE starb am 22. Juli 1929. Die Erbin des Gutes Ragow wurde Marie Luise von ARNIM, aus dem mehrfach verzweigten märkischen Adelsgeschlecht, eine geborene von Witte. Bis zur Enteignung 1945 war sie die Besitzerin des Gutes Ragow. Das Schlossgebäude wurde dem Verfall preisgegeben. Der etwa 100.000 Quadratmeter große Park ist zu besichtigen.
Der Park des Gutes Ragow wurde im Jahre 1998 geteilt. Ein Fünftel befindet sich im Besitz von Edith von HAYDEBRAND und den LASA-Nachfahren, eines ehemaligen schlesischen Adelsgeschlechts; die restlichen vier Fünftel sind Eigentum der Gemeinde Ragow. Dieser Teil wurde in den Jahren 2001/2002 saniert. Grabstätten und Gedenksteine erinnern noch an die ehemaligen Besitzer.
Erich RASPER kehrte nach Kriegsende aus Ostpreußen zurück nach Ragow, seine ehemalige Wirkungsstätte als Revierförster des jetzt enteigneten Gutswaldes. Er musste miterleben, wie das Inventar des Schlosses auf dem Vorhof der Vernichtung preisgegeben wurde. Dort entdeckte er auf dem Bücherschutthaufen vor dem Schloss das vom vormaligen Besitzer, Hans von WITTE geführte Jagdbuch und nahm es an sich. Bei der Beschlagnahme und Einsammlung faschistischer Literatur übergab er es dem Volkspolizeioffizier Franz RICHTER.

Ch. Kröner
Jagd-
Buch

1890
1890
Jagdbuch
das soll sein:
Ein Buch, worinnen eingetragen wird, was und wie viel Wild der Waidmann mit eigener Hand erleget und gefället und was er in eigener Praxi beim Waidewerken erfahren.
geführt von

September.
Hoch-Wild Fährten
vertraut ziehend.
Ägidie tritt der Hirsch auf die Brunft, wie Orgelton schallt der mächtige Brunftschrei herausfordernd durch den Wald und kampfbereit schützt jetzt der Hirsch sein Rudel.
Wenn Ägidie Hirschbrunft naß
Regnet's vier Wochen ohn Unterlaß,
Tritt der Hirsch aber trocken ein,
So wird's vier Wochen schön Wetter sein.
Fasanen, Birkwild, Hühner, junge Enten
alles ist zur Tafel gut, drum
Wer's hat, leb gut, iß Wildpret und viel Früchť,
Käs, Birnen, Trauben schaden nicht,
Wo man der Sach nicht thut zu viel,
Brauch mäßig Wein und Liebesspiel.

Das Jagdbuch wäre wegen seiner Herkunft und wohl auch wegen des vorn eingebunden Bildes „Kaiser Wilhelm II. als Oberster Jagdherr", mit der Schuttsammlung für alle Zeit verloren gewesen. Doch Franz RICHTER behielt das Jagdbuch in seiner Obhut. Aus seiner Jagdkommandozeit war ihm Sauen noch bekannt – bei zwei Jagden hatte er dort zwei stattliche Keiler von 205 kg und 130 kg erlegt. Über die Redaktion der Fachzeitschrift *„unsere**Jagd**"*, nahm er Verbindung zu mir auf. Nach länger geführtem Briefwechsel lud er mich ein, ihn in seiner jetzigen Thüringer Heimat zu besuchen. Es kam zum Besuch. Und während der Gespräche erzählte er mir u. a. die Odyssee des Jagdbuches und bei dieser Gelegenheit übereignete er mir das alte Jagdbuch, weil er davon überzeugt war, es bei mir in den besten Händen zu wissen.

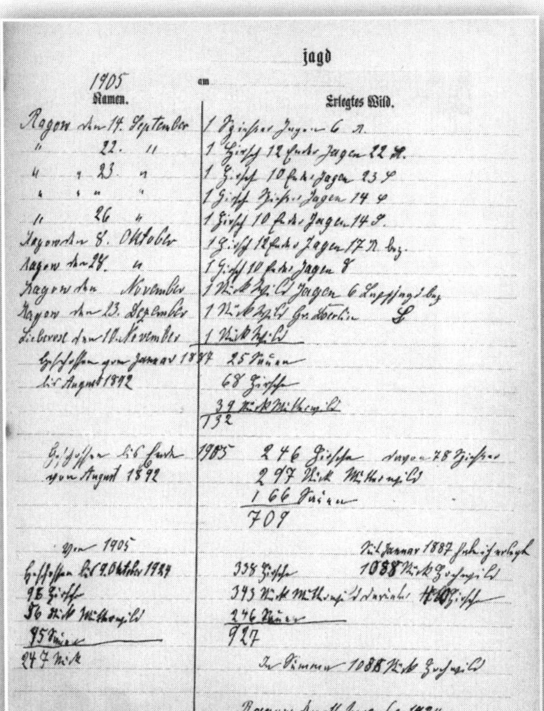
Jagd
1905
Namen. am Erlegtes Wild.

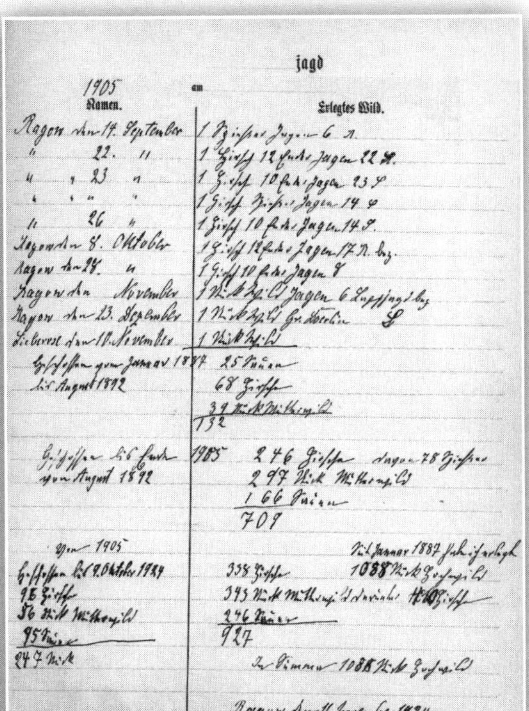
Jagd
1905
Namen. am Erlegtes Wild.

Wintersauen

Die vorweihnachtliche Zeit gehört im Schwarzwildrevier zu den lebendigsten Rauschzeiten und hält die Schwarzkittel tagsüber auf den Läufen.
Da trollt plötzlich der sonst so vorsichtige Keiler zur Vormittagsstunde durch lichtes Holz, ohne von seiner Umwelt so richtig Notiz zu nehmen. Dann wieder hört man zur Mittagszeit eine Rotte in der Dickung rumoren und überrascht nachmittags eine Bache, die sich samt ihren Frischlingen im Heidelbeerkraut eines Altholzes notdürftig eingekesselt hat. Nur im weiten Feld bleibt es still bis in die Nacht hinein.
Solche offenen, weißen Tage gehören zu den besten für die Pirsch im Wald wie im Feld, doch auch für das Ausgehen der Fährten in lichten Beständen. Nasser Schnee auf weichem Grund dämpft die Schritte, und die kahlen, schneebetupften Bäume und Sträucher können die Schwarzkittel, die es dorthin zieht, nur wenig vor den wachen Jägeraugen schützen. Selbst die erwachsene Dickung, die sich zum Stangenholz heraus gemausert hat und begehen lässt, und zu deren Sonneninseln – den so genannten „Ofenbankplätzen" – man geräuschlos gelangen kann, eignet sich zum Angehen.
Alle anderen Örtlichkeiten scheiden dafür aus. Der Jäger macht nur die Sauen unnötig locker, sieht vielleicht (wenn es hoch kommt) ihre Hinterteile, wie sie sich mit wirbelnden Pürzeln empfehlen und verdirbt sich so die Abend- oder Nachtpirsch.
Der frühe Winter, von dem ich erzählen will, kündigte sich mit dem Mondwechsel in der Adventszeit an. „Schnee wird's geben!" rief mir der Nachbar zu und schnupperte in die Luft wie der Schweißhund nach Wittrung. In der Nacht kamen dann auch die Vorboten des Winters: große, weiße Schneeflocken deckten das Land zu, und auch den Waldboden, und aus Baum und Strauch zauberten sie braunweiße Gestalten.
Glücklich, wer da von der Haustür weg ins Revier pirschen kann!
Doch halt – das sensible Wild, das den Wetterwechsel bereits Tage zuvor spürt, steht still beim ersten Schnee! Die Sauen sind da aber weniger empfindlich als das Rot- und das Rehwild. Lässt der Flockenwirbel in der Nacht nach, schieben sie sich aus, doch für weite Wege haben sie nicht den Trieb. Die rauborstigen, schwarzen Kerle schnüffeln in ihren Standdickungen umher, suchen Eichenhorste in der Nähe auf und ziehen Schonungsschneisen entlang, um sich dann am frühen Morgen ein neues Lager zu brechen. Zu größeren Ausflügen reizt sie dann erst die nächste Nacht.
Meine Neugier am Morgen nach dem Schneefall war groß. Ich wollte wissen, ob sich die Sauen im kleinen Modderbusch zu schaffen gemacht und in unmittelbarer Nähe ihr Lager aufgeschlagen hatten. Danach wollte ich dann über Abend- oder Nachtpirsch entscheiden.
Als ich nun dem kleinen Wiesenflecken vor den Modderbuscheichen näher kam, wuchs die Hoffnung auf frische „Hinterlassenschaften" der Sauen. Jetzt wünschte ich sie mir sehnlichst herbei – und vor dem nieder getretenen Farnkraut sah es wirklich so aus, als ob Fährten den Schnee zusammen gedrückt hätten.
Richtig! Ich stand vor den Trittsiegeln dreier Überläufer. Sie mussten erst kurze Zeit vor mir hier gewechselt sein, steckten jetzt entweder im Stangenholz hier am Hang oder hatten den Weg bis zu den Dickungen im großen Modderbusch genommen.

„Das wird sich beim Kreisen gleich herausstellen…“ sprach ich in guter Laune vor mich hin und setzte meinen Weg etwas rascher fort. Ich ging die Eichen entlang – dort weder Fährten noch umgestoßenes Laub – dann zum Sprengplatz hin, und schließlich bog ich zum Sandweg ein, der mir bestätigen sollte, was ich insgeheim erhoffte: dass die Überläufer in der Stangenholzgruppe Quartier bezogen haben möchten. Noch bestätigte keine Fährte meine Hoffnungen – doch Schritt für Schritt wuchs die Spannung. Die Augen glitten erwartungsvoll und scheu zugleich den Weg voraus… bis sie etwas entdeckten, was ich eigentlich nicht erwartet hatte: Tritte im Schnee!
Doch nun wollte ich es genau wissen – ich eilte drauf zu und stellte erleichtert fest: ein Hirsch hatte den Weg gequert, und die Sauen mussten dort stecken, wo ich es erwartete.
Die Hirschfährte hinterließ einen starken Eindruck und lenkte mich von den Schwarzkitteln etwas ab, die waren mir ja nun sicher, obgleich das Schwerste noch bevor stand. Sicher hatte der Hirsch hier im Stangenholz den Schnee über sich ergehen lassen und war dann am Morgen den Sauen aus dem Weg gegangen.
Ja – so konnte es gewesen sein! Bei diesem Gedanken schaute ich auf - und erblickte in diesem Moment schräg gegenüber am Hang eben diesen Hirsch – halb verdeckt von Kiefernstämmen, sein Haupt mir zugewandt… Er ließ mir Zeit, das Glas in die Hand zu nehmen, als ob er zu wissen schien, dass ihm die Zukunft gehört. Ein Zwölfer war's, der sich mir empfahl – und aus bestem Hause! Dann ein paar ausgreifende Schritte – und er verlor sich im Stangengewirr. – Gute drei Monate später stolperte ich über eine seiner Abwurfstangen und fand bestätigt, wie er sich mir im ersten Schnee präsentiert hatte.
Doch zurück zu den Sauen, die irgendwo neben mir am Hang eingekesselt ruhten – vielleicht nur 20 oder 30 Schritte entfernt. Ich tippte auf die Umgebung vom Scheitelpunkt des Sandhügels. Dort befanden sich die wärmsten Stellen, und es herrschte kein Wind. So konnten sich die Sauen dort sicher fühlen wie in einer Burg.
Überall lag Dürrholz umher, nur der so genannte „Kammwechsel“ war frei davon. Und den benutzte ich, schnürte das Schneehemd hoch, nahm das Zielfernrohr vom Drilling und trat als weiße Gestalt in das augenblickliche Reich der Überläufer.
Der Schnee auf den Dürrästen verkleinerte zwar die Durchblicke, doch ich kam so lautlos vorwärts, dass die Sauen bis auf wenige Schritte aushalten mussten. Alles ließ ich hinter mir; kein fremder Gedanke störte die Verbindung „Jäger – Wild“.
Da kreuzte die erste Fährte meinen Pfad, führte wieder zurück und brachte eine zweite mit.
Hier sind sie also herum getreten, weit kann's bis zum Kessel nicht mehr sein – stellte ich mit fieberhafter Spannung fest. Vielleicht haben sich die Schwarzkittel mehr zum Westhang hin eingeschoben, dachte ich, schob mich noch ein paar Meter vor… ging in die Hocke – und entdeckte sie vor mir im Kessel – nicht weiter als 15 Schritte entfernt und ganz still vor sich hin dämmernd…
Gefunden! Triumphierte ich leis', rückte den Drilling zurecht, schaute über die Schiene und begann vorsichtig zu prusten. Nichts tat sich darauf. Erst auf meine Wiederholung reagierten die Teller, doch meine Murmellaute nahmen sie nicht ernst.

Wieder rumorte ich – und das ließ sie aufmerken, ihre Körper strafften sich. Nur ein Achtungszeichen? Oder sollte das schon mehr bedeuten? Wäre es jetzt besser abzuwarten oder lieber der Sache Nachdruck zu verleihen…?
Ich unterließ eine neuerliche Aufmunterung, verhielt mich still und wurde wenige Minuten später dafür belohnt: die Überläufer blieben wach, räkelten sich, wurden mehr und mehr unruhig – und schon stand der erste in seiner vollen Größe vor mir. Der Schnee und die Enge verschluckten förmlich den Knall…
Die getroffenen Sau rutschte zusammen, die beiden anderen rasten erschrocken fort…
Was jetzt aller Voraussicht nach passieren musste, darauf wartete ich gespannt – ich drehte meinem Überläufer den Rücken zu und hielt den Drilling schussbereit – geladen mit zwei Flintenlaufgeschossen.
Endlos wurden mir die Minuten in der Hocke, die Füße schliefen mir ein, doch ich war von den beiden Überläufern fest überzeugt und hielt aus.
Da rieselte doch Schnee – da kam doch etwas Schwarzes gehuscht, wurde größer und stand in Gestalt einer Sau vor mir… und die zweite drängte nach! Doch plötzlich ein Stutzen, ein kurzer Schrecklaut und kehrt und fort und nichts war's mit einem sicheren Schuss.
Na dann mögen sie sich trollen, die beiden Schwarzkittel, dachte ich mir, vielleicht stehen sie schon morgen, wenn der Schnee hält, unten in den Eichen im Gebräch!
Wenn auch nur ein Überläufer von geringer Stärke als Beute neben dem Kessel lag, so war es doch Jagd im besten Sinne – wie ein Ausflug in eine ferne, glückliche Welt…
Der Schnee gab dem Wald nicht nur ein sauberes, friedliches und schönes Aussehen, er hielt auch alles, was sonst störend bis hierher dringt, fern. Nichts erinnerte in den Augenblicken der Jagd daran, dass man sich inmitten einer zivilisierten Welt befand, in einem Kulturwald mit eingestreuten, naturnahen Inseln.
Als ich den Weg zum einsamen Dorf unter die Füße nahm, holte mich das alltägliche Leben wieder ein, vermischte sich die Gegenwart mit dem Erlebten.
Am Abend darauf liebäugelte ich mit den Eichen im Grund des kleinen Modderbusches, wollte das Eisen schmieden, so lange es heiß war, denn frühes Schneewetter hier im flachen Land ist meist nur von kurzer Dauer.
Ansitzen am Boden kam nicht infrage; die Sauen konnten zu den Eichen von allen Seiten zuwechseln. Und ein Beobachtungsturm in Form einer Kanzel, die zwar dem Wind zumeist trotzt, war hier fehl am Platz und hätte auch nur die Aussicht verhindert. Blieb also nur die Pirsch dahin.
Ich entschied mich für die späte, die Pirsch nach 22 Uhr. Dann, so hoffte ich, stehen die Schwarzkittel bereits im Gebräch, und ich konnte vor Ort entscheiden: Entweder abwarten, wie sich die Sache aus dem Erlengesträuch her entwickelt, oder den Eichen zupirschen. Oder nachgehen, sollten sie schon im Begriff sein, den viel geliebten Ort zu verlassen.
Vom langen Gestell aus ging ich das Sauen-Eldorado an.
Als ich der „heiligen Stätte" näher kam und alle paar Schritte stehen blieb, ob nicht dumpfes Brechen von morschen Ästen mir ihre Anwesenheit bestätigte, vernahm ich einen markerschüt-

ternden Schrei, der mich erschauern ließ… doch gleich darauf wiederholte sich der Laut. Eine rauschige Bache, die auf sich aufmerksam machen will – schoss es mir durch den Kopf – oder eine erregte, die gegen den Keiler schlägt und ihn anschreit. Ein Höllenlärm in einer stillen Dezembernacht – das sind die „Rituale“ der Rauschzeit.
Mit dem Drilling in der Hand ging ich dem wilden Treiben entgegen. Je näher ich kam, desto deutlicher traten die Spuren des nächtlichen Spuks hervor: überall zerpflügter Schnee und aufgedecktes Laub.
Jetzt hörte ich die Sauen hin und her traben, und wie ich um die Wegbiegung pirschte, machte sich die Rotte bereits am Dickungsrand zu schaffen. Dann sah ich, wie ein Stück nach dem anderen eilig in die Kiefern huschte.
Verpasst, zu spät auf den Weg gemacht, warf ich mir enttäuscht vor, tröstete mich aber damit, dass die Rotte ja wieder zurück kehren könnte, denn mein Kommen war sicher nicht der Anlass ihres Abgangs. Vom Sitzstock aus wartete ich nun alles Weitere ab.
In der Dickung knackten Äste, wieder kreischte eine Sau, dann hörte sich's wie Treiben an, es quiekte und grunzte – doch ins Freie kehrte kein Stück zurück. Ihre erste Nachtmahlzeit schien beendet zu sein, jetzt ging es um andere Dinge.
Eine gute Weile war so für bunt wechselnde Unterhaltung gesorgt, dann wurde da drinnen eine Pause eingelegt, und das war das Zeichen zum Aufbruch. Die Rotte entfernte sich, das Brechen der Äste wurde leiser und leiser, bis nur noch der zerwühlte Schneeboden daran erinnerte, was hier vor kurzer Zeit stattgefunden hatte.
Sollte ich nun warten oder unverrichteter Dinge den Heimweg antreten?
Wie mein Innerstes das Für und Wider abwog, gaben mir die Sauen höchst persönlich die Antwort: ihre nächste Abordnung meldete sich drüben vom Hang her. Nun hatten es die Schwarzkittel eilig, an ihren „Futtertrog“ unter den Eichen zu kommen, denn wie aus dem Nichts tauchten sie plötzlich vor mir auf: Eine Bache mit ihren Frischlingen, die eifrig nach dem suchten, was ihre Vorgänger übersehen oder in den Grund getreten hatten.
An den Drilling dachte ich nicht sogleich, denn hier stifteten sie keinen Schaden. Hier konnte ich sie belauschen, wie sie emsig nach Eicheln suchten und schmatzten, wie sie sich rempelten und schubsten, wie sie behaglich grunzten und dann wieder stritten – kurz wie sie sich gaben, als wären sie allein im Paradies.
Plötzlich unterbrach die Bache ihre Beschäftigung und sicherte nach der Suhle zu. Erwartete sie etwa „Herrenbesuch“? Oder hatte ein Gelbkehlchen ihre Aufmerksamkeit erregt? Nun war es aber an der Zeit, einen Frischling ins Fadenkreuz zu nehmen… Im Schuss hastete die Bache fort, und mir war so, als ob nur drei der Frischlinge folgten. Quer durch das Erlengestrüpp ging die Flucht, am Hang knasterte es gedämpft – dann kehrte hier wieder die stille Adventsnacht ein.

Als ich das lange Gestell durchfuhr und ins Drahendorfer Feld kam, tauchten im Seitenlicht der Scheinwerfer vier schwarze Gestalten auf – vier starke Sauen, stattlich sahen sie aus, rauborstig wild, nicht zu vergleichen mit den kurzhaarigen, schlanken Sommersauen. Wie eine Skipatrouille kamen sie daher und verschwanden wieder geisterhaft im Schneedunkel. Wohin mag

sie ihr Weg so unbeirrt führen? Fragte ich mich. Zu den Eichen am Sauener Pappelmuttergarten oder zu den Oberbuschwiesen, zum Dachsland oder ins Görziger Feld?
Ein Rätseln um die Geheimnisse von Jagd und Wild, das immer bleiben wird, erfasst den Jäger bei diesen Gedanken, denn die Wahrheit ist keinen Sechser wert, wenn sie weiter nichts zu sagen hat.

Das Hauptschwein von der Eichenallee an der Grenzhecke

Das erste Stück der Sauen-Pfaffendorfer Straße – damals noch mehr Fahr-„Weg“ als Fahr-Straße – war mit Laubholz unterschiedlichen Alters – Linden, Buchen und Ahorn bewachsen – dann ab Eichenkopf im ersten Feldstück Alteichen zu beiden Seiten der Straße.
Bei Vollmast der Eichen war dort von den Sauen vom Frühherbst bis ins folgende Frühjahr ein starkes Begängnis – und das meist täglich!
Als die Eicheln im Frühherbst in Massen fielen, und der Mond schon vor Mitternacht gutes Licht zauberte, spazierte ich wieder einmal von meiner Behausung in Richtung Eichen-Allee. Schließlich erreichte ich das alte preußische Kopfsteinpflaster...
Neben einer der Eichen gewahrte ich einen dunklen Schatten… er bewegte sich. Doch ich ging unbedacht ein paar Schritte weiter und – ab ging die Post! Eine starke Sau flüchtete über das Dachsland ins Dachsholz. Ich hatte mich jagdlich derart ungeschickt benommen, und haderte nun selbst mit Hubertus und Diana. Wäre ich doch nur von der ersten Eiche weg Fuß für Fuß gepirscht! So hatte ich ganz sicher einen starken Keiler vertreten.
Bis zum Ende der Eichenallee setzte ich meine Pirsch fort – doch darunter standen keine Sauen im Gebrech. Mir ging die ganze Pirschstrecke der starke Keiler nicht mehr aus dem Kopf. Ein Hauptschwein, wie sie in Sauen schon von alters her herumgegeistert waren…
Ob der Keiler wohl morgen wieder das Eichelreservoir aufsuchen würde? Ich hoffte es…
Am nächsten Abend pirschte ich gleich von meiner Behausung mit behutsamen Schritten weg. Meine Sauen konnten sich ja auch unter den Buchen bereits zu schaffen machen. Doch bis zur Eichenallee waren keine Sauengeräusche zu vernehmen. Ab dort ging ich nun ganz vorsichtig zu Werke – Schritt für Schritt, den Drilling im Arm… Eiche um Eiche kam ich lautlos voran, kurz vor der Grenzhecke an einer der starken Alteichen machte ich Halt.
Schon auf halber Strecke stockte mir plötzlich der Atem – ich vernahm das typische Knacken, wenn eine Sau die Eicheln im Gebrech zerdrückt. Zwei, drei Schritte wagte ich noch, dann verharrte ich reglos, den Drilling schussbereit in den Händen. Mit einem Mal stand die Sau quer zur Eiche auf läppische 10 bis 15 Schritt Entfernung. Ganz sicher – ein hauendes Schwein wenn nicht gar ein Basse. Ich hob den Drilling an die Schulter… im Absehen das Blatt… ich fasste tief… und raus war der Schuss! Aber kein Fortflüchten…? War das ein gutes oder ein schlechte Omen? Rasch nachgeladen… ein paar Schritte vorwärts... und da lag am Fuße der alten Eiche ein großer Klumpen! Ich umging ihn vorsichtig, den Drilling darauf gerichtet – doch er rührte sich nicht. Dann ging ich ihn von hinten an – längst war er verendet. Ein Blick ins Gewaff – ich war überwältigt von dem Anblick! Dem Gewaff und dem Unterkiefer nach war es ein achtjähriges Hauptschwein. Aufgebrochen wog es seine 155 kg. Das abgeschlagene Gewaff samt dem Unterkiefer wässerte ich ausgiebig und kochte es anschließend ab…
Das Präparieren des Gewaffs hatte noch ein ärztliches Nachspiel. Beim Entfleischen hatte ich mich am linken Mittelfinger infiziert. Das Ergebnis: ein zweitägiger Aufenthalt im Krankenhaus Bad Saarow. Die kleine Operation am Finger heilte gut aus. Doch es war eine heilsame Lehre für weitere Präparationen.

Hirsch und Keiler auf einen Streich

Anfang September entdecke ich beim Reviergang auf dem Grenzweg oberhalb des Kleinen Modderbusches eine Keilerfährte. Er war wohl zu den Eichen am Rand des Modderbusches gewechselt, einem ehemaligen Teich – jetzt verwachsen mit Erlen, Kiefern, Birken und Farnkraut. Die Eicheln beginnen schon zu fallen, was natürlich mein jagdliches Interesse anfacht. Als ich so zum ersten Mal an einem frühen Abend von Kunersdorf aus – vorbei an den Kosakenbergen – den Schluchtweg zum Kleinen Modderbusch spaziere, werde ich gleich an der ersten Eiche auf Saufährten aufmerksam. Zur Leiter sind es noch etwa 60 Schritt, also nehme ich gewohnheitsmäßig den Drilling zur Hand…

Da tauchen – wie aus dem Nichts – rechts am Wegrand drei Sauen auf, die mit wenigen Schritten unter den Eichen sind, dann aber im Strauchwerk verschwinden. Zwei weitere Sauen folgen – ganz frei stehen sie vor den Eichen auf dem Weg… doch als sie ansetzen, den Vorgängern zu folgen, habe ich die eine bereits im Fadenkreuz, reiße Funken… und die Sau schlegelt… aber die zweite flüchtet nicht… Vorsichtig nähere ich mich der schlegelnden Sau – ich vermute Krellschuss – der Drilling liegt bereits wieder schussbereit in den Händen.

Doch was sehe ich da zu meinem großen Erstaunen? Am Anschuss liegen zwei Sauen – ein Doppeltreffer! Bei der Schussabgabe haben sich wahrscheinlich die beiden Tiere so gegeneinander verschoben, dass beide die Kugel am Herz erhalten haben.

Beim Aufbrechen dann die Bestätigung: das deformierte Geschoss steckt bei der zweiten Sau in der Wand – also kein zweiter Ausschuss…!

Der Revierförster des Sauener Forstreviers – gleichzeitig Vorsitzender der Jagdgesellschaft, schüttelte bei meiner Erzählung über dieses Erlebnis schmunzelnd den Kopf und sprach: „Du bist eben ein waschechter „Hubertus-Jünger“!

Von jenem gefährteten Keiler war vorerst nichts mehr zu spüren, jedoch legte ich – trotz Eichelfall – am oberen Rand des Kleinen Modderbusches, am kleinen Wiesenfleck eine kleine Kirrung an, die ich regelmäßig beschickte. Und tatsächlich wurde das Interesse der Sauen geweckt. Gegenüber dem Weg saß ich auf dem Sitzstock an einer doppelt armstarken Kiefer im Rücken an – eine ebensolche vor mir, also mit etwas Deckung und zum Anstreichen des Drillings. Neben dem rechten Fuß auf dem Rucksack lag das Glas…

Zwei Ansitze verliefen zunächst ohne Anblick. So um den 15. September, also vor Brunftbeginn, saß ich wieder einmal dort. Von meiner Sauener Behausung war ich quer durch den Wald bis zu den Krähenbergen und dann den so genannten „Schluchtweg“ hinunter zum Kleinen Modderbusch gelaufen. An meiner Kiefer schlug ich wieder den Sattelstock auf und lehnte mich rücklings an den Stamm. Da es noch früh am Abend war, legte ich den Drilling neben das Glas auf den Rucksack. Alsbald überkam mich der Schlaf, doch es durchzuckte mich, bevor ich mit meinem Sitzstock umfiel…

Es ging auf die Stunde des Rotwildes zu, und so nahm ich den Drilling – geladen mit der 8x57er Kugel – in die Hände. Es konnte sich ja ein Abschusshirsch blicken lassen…

Die Fichtendickung befand sich am Hang zum Grenzweg, also in unmittelbarer Nähe.

Doch der so genannte „Sekundenschlaf" quälte mich aufs Neue –immer wieder ruckte der Kopf nach vorn… doch letztendlich blieb ich wach.
Und plötzlich stand da ein Hirsch auf dem kleinen Wiesenflecken – ein junger vom 2.-3. Kopf, die rechte Stange 5 Enden. Gabel-Krebsschere, linke Stange Augsprosse, lange Mittelspitze, darüber abgebrochen… Für mich ein klarer Fall: ein Abschusshirsch!
So griff ich zum Drilling und drückte ihn zum Anstreichen an der Kiefer vor mir an. Er stand spitz zu mir, machte aber eine kleine Bewegung, stand nun quer und reckte das Haupt hoch…
Da berührte ich den Züngel – und „klick"… ich hatte vergessen, auf Kugel umzustellen…
Der Hirsch indessen hielt aus… nun aber den Schieber nach vorn und wieder … ich hatte vergessen zu entsichern! Auch dieses Klicken hatte der Hirsch ausgehalten – und der Kopf begann wieder schläfrig zu werden… nun aber gab ich mir einen energischen Ruck! Ich drückte die Sicherung herunter und fasste den immer noch „Blatt" stehenden Hirsch….
Im Schuss knickte er zusammen, machte noch eine kurze Flucht bis zum Stangenholzrand, und streckte er sich schließlich dort aus…
Ein paar Mal musste ich erst tief Luft holen, um die soeben abgelaufene Szene zu begreifen:
... ich auf meinem Sitzstock nahe am Einschlafen… der überraschend erscheinende Hirsch… dann der Lapsus mit der vergessenen Kugelumstellung… das Klicken des eingestochenen, aber gesicherten Abzuges… und schließlich doch ein Treffer – hatte der Hirsch vielleicht auch geträumt?
Zum Aufbrechen zog ich den Hirsch auf den beim Pflanzen der Kiefern gezogenen Wall und fixierte ihn zwischen den jungen Kiefern. Dort hatte er erst einmal die beste Lage zum Ausschweißen, das dauert seine Zeit. Das saubere Aufbrechen ging mir mühelos von der Hand, das Bergen hatte erst einmal noch Zeit. – Der Abend war noch jung – der Hirsch musste noch ausschweißen – also bezog ich trotz Müdigkeit! – wieder meinen Sitzstock und lehnte den Rücken an die Kiefer…
Indessen begann es zu dunkeln. Plötzlich vernahm ich neben mir im Erlengesträuch ein Rumoren… es wird eine Sau mit Gefolge sein, dachte ich – und schon trottete oberhalb des Wiesenfleckens eine Bache mit ihren Frischlingen ins Freie. Doch sie hielt sich nicht weiter auf, sondern wechselte schnurstracks in die jungen Kiefern. Sie hatte es offenbar sehr eilig, mit ihrem Nachwuchs ins Feld zu kommen.
Doch schon erreichte meine Ohren erneut ein Geräusch und zwar aus der Hangdickung über dem kleinen Modderbusch. Es kam näher und näher… verebbte kurz… und da stand „ER", ein rauborstiger Geselle, ein Keiler in seiner stolzen Größe. Da fasste ich zu – hielt etwas Tiefblatt – und er verschwand in zwei Fluchten Richtung Kiefern… drinnen dann ein Schlagen und schließlich Ruhe.
Ein Weilchen wartete ich noch, erhob mich schließlich vom Sitzstock und fand beim Anschuss Schweiß und Borsten! Vorsichtig bog ich nun die jungen Kiefern beiseite und erblickte in ihrer Mitte den schwarzen Klumpen. Den Drilling schussbereit trat ich an die Sau heran… kein Leben mehr – welch ein Koloss! Ich umging das Tier und erblickte jetzt das Gebrech – Donnerwetter – was für ein Gewaff!!
Hubertus – Dank sei dir für das zweifache Jagdglück!!

Pirschen auf Skiern

Eine Neue lockt den Jäger ins Revier, eine Neue entzündet seine Jagdlust – gleich, ob es sich um die erste oder vermutlich letzte, um eine pulvrige oder nasse Neue handelt.
Wie die verführerische Schlange im Garten Eden flüstert sie ihm zu: „*Komm näher! Betrete mein Reich! Ich zeige dir, was du zu sehen wünschst: Ich führe dich zum Rückwechsel der Schwarzkittel; ich verrate dir Reinekes Schlupfwinkel, weise dir Gelbkehlchens Absprung und begleite dich zum stillen Winkel, wo das Rotwild ruht!*“
Und wenn es dann endlich losgeht, wenn die weiße Welt den Jäger aufnimmt, wenn in freudiger Erwartung der Alltag verblasst, sich das Auge entspannt über den frischen Schneeteppich tastet, schafft das ein Vorgefühl auf baldiges Jagen – auf lauthelles Saufinden oder stilles Fuchsdrücken, auf Vorpass oder nächtliche Pirsch.
Zunächst wird es ein Gang zu Fuß mit eingeschworener, dem Schneewetter angepasster Bekleidung sein. Doch wer sich auf Skiern wohl fühlt, sie seine Lieblinge nennt, wird bei gutem Schnee – im Gebirge wie im flachen Land – sich stets ihnen anvertrauen. Ob im Pulverschnee oder nach einer leichten Neuen auf festem Altschnee, selbst im Pappschnee gleitet man leise genug, kann eine rasche Gangart vorlegen – was für das Kreisen wichtig ist – oder behutsam pirschen und verschafft obendrein seinem Körper Erquickung und seinem Herzen Labsal.
Mittagszeit! Unter blitzblauem Himmel blendet das weiß gebettete Land. Die Augen suchen das kahle Gesträuch, gleiten hinauf zu den dunklen Wipfeln der Kiefern am Schwarzberg, wandern an den dunklen Stämmen zurück, heften sich auf die dahin gleitenden Skier – und dann wieder dem weiten Feld zu.
Drüben hinter dem Kadelhof, in einem vergrasten und verstrauchten Kiefernjungwuchs stecken im Winter ab und an die Sauen – wenn sie entweder andernorts gestört wurden oder sich beim Ausflug zu den Jahrhunderteichen am Kadelhof verspätet hatten. Dann schien die Feldkieferndickung der rechte Ruheplatz zu sein.
Schon tagelang suchte ich die Sauen dort. Rehfährten kreuz und quer, Hasenpässe und Fuchsgeschnür, meine eigene, immer wieder aufgefrischte Skispur – das war alles… das blieb alles – vorerst. Doch als Jäger gibt man nicht auf, ein neuer Tag bringt neue Hoffnung, und der Schneezauber tut das übrige dazu.
Im Robinienhang, den ich halbschräg durchgleite, sitzt einer meiner Mümmelmänner recht locker – allzu eilig hat er es mit dem Fortkommen wohl nicht. Es hat den Anschein, als habe es sich unter Has' und Reh herum gesprochen, dass meine Visiten auf Skiern ohne Flinte verlaufen. Nun ja, man ist beweglicher und kann auch mal nach Herzenslust kräftig ausschreiten. Das Weitere, der eigentliche Zweck der Unternehmung, ist ja Sache des Ansitzes oder der Pirsch.
Doch im hohen Holz vor den Jungkiefern weder frische Saufährten noch Gebräch. Auch an der Nordseite der Schonung finden sich keine Zeichen.
Ich biege vom Weg ab und folge meiner alten Doppelspur entlang der Feldkante. Vor den Ginsterbüschen, die sich zu meiner Freude stark ausgebreitet haben, mach ich Halt.

Hier – hart am Feld – doch im Verborgenen befindet sich Reinekes Aufzuchtbau. Vor Tagen, als das Schneewetter begann, lief mir statt der Sauen ein junger Rotrock vors Rohr. Und hier werde ich auch in den nächsten Nächten – ist die Ranz erst so richtig in Gang gekommen – nicht umsonst sitzen – stellt mein Jägerherz mit sichtlicher Zufriedenheit fest.
Und wie ich – auf die Stöcke gestützt – den Fuchsgedanken so weiter spinne, den Kopf mehr gewohnheitsmäßig als bewusst nach links drehe und die Augen die vor mir liegende Kiefernzeile hinauf gleiten – versperrt ihnen eine breit stehende Sau den weiteren Weg.
Braunschwarz, wie aus Torfboden geformt, steht sie im hellen Mittagslicht.
Gibt es vielleicht noch mehr zu sehen? Mit diesem Gedanken beschäftigt, rutsche ich sachte einen Schritt weiter… beuge mich etwas vor – und die ganze munt're Gesellschaft präsentiert sich meinen Augen!
Emsig räumen sie mit ihren Würfen den Schnee beiseite, machen sich dann am darunter liegenden Bewuchs zu schaffen und scheinen sich recht wohl zu fühlen unter der Januarsonne.
Da stehe ich nun in meiner selbst gewählten Zuschauerrolle, denke an den Drilling, der fernab im Schrank ruht… Soll ich's versuchen? Im raschen Langlaufstil in Richtung Behausung und dann als Biathlet zurück – oder lieber auf den Abendansitz vertrauen? Ich entscheide mich für's Warmlaufen. Der Ansitz – bleibt es nur bei der sportlichen Übung – ist mir ja auf jeden Fall gewiss.
So stürme ich denn los, nehme Kilometer für Kilometer, haste die Treppe hoch, greife alles Notwendige, schnalle den Drilling kurz, stülpe den Mündungsschoner über und eile wieder in Richtung Dickung. Je näher ich komme, umso langsamer gleiten die Skier und umso zweifelhafter erscheint mir mein Vorhaben, denn das mittägliche Läufevertreten artet ja bekanntlich bei den Schwarzröcken nicht in ausgiebiges Spazieren aus…
Kurz vor dem alten Standplatz drücke ich die Stöcke in den Schnee, greife nach Drilling und Munition und rutsche vorsichtig der besagten Stelle näher… ich mustere Reihe für Reihe – doch mit jedem Schritt versinkt ein Stück Hoffnung… an den Ginsterbüschen ist nichts von ihnen mehr übrig. „Bereits wieder im Kessel…“ murmele ich enttäuscht vor mich hin.
Schon will ich wenden – stake aber doch noch ein kurzes Stück weiter – da trifft mich Dianas Pfeil: Die Rotte! Ganz und gar frei, auf einem unbewachsenen Flecken im Schnee herum stochernd, herum tretend. Ein leichter Druck, und der Stock findet Halt. Im Knall spritzen die Überläufer auseinander und stieben den Kiefern zu. Schweiß liegt von Anschuss an – das sehe ich von meinem Platz aus.
Die Sonne zeichnet bereits lange, blau getönte Schatten, als ich mit dem Bruch am Hut geruhsam dem Schwarzberg zulaufe. Dann noch ein Stück Feld abwärts – wieder zu Hause…

Kann der Jäger tagsüber bei jedem Wild mit „Weidmannsheil“ rechnen, wird er die Nachtpirsch auf Skiern ausschließlich dem Schwarzwild widmen. Glänzendes Mondlicht taugt nichts für die Feldpirsch – für die Waldpirsch dagegen ist es ein Geschenk. Die Nächte des zu- bzw. abnehmenden oder auch nur des kaum sichtbaren Mondes – selbst die des bloßen Schneelichts – gehören zu den besten im Feld. Da kann es passieren, dass man im flaumigen

Pulverschnee der Rotte näher und näher gleitet – und plötzlich steht man wenige Meter vor den brechenden Schwarzkitteln…

Der Winter hatte sich in jenem Jahr wie selten beträchtlich verspätet. Zu seiner eigentlichen Zeit streifte er nur für Stunden, für wenige Tage das flache Land. Ende Februar aber meldete er sich desto energischer mit reichlich Schnee zurück und deckte – wenn auch nur vorübergehend – über dem vom Schwarzwild schon arg in Mitleidenschaft gezogenen, viel geliebten „Kartoffelroggen" den Mantel der Nächstenliebe. Besonders an der Grenzhecke zum Görziger Feld luden reichlich schmackhafte Kartoffelreste und Eichelüberbleibsel zum ausgiebigen Fraß ein – aber auch von der zukünftigen Frucht, dem Getreide, war kaum noch etwas übrig geblieben. Der Jäger konnte deshalb dem späten Schnee sein Wohlwollen nicht versagen.
Noch weit vor Mitternacht steige ich also auf die Skier und laufe zu meinem Aussichtspunkt, dem Feldrücken gleich hinterm Haus. Von hier aus kann ich die alte Grenzhecke von der Straße bis zum Schwarzberg einsehen. Auf dieser Strecke – mal näher zur Straße hin, mal in Höhe der leichten Biegung – durchqueren die Schwarzkittel, vom Stadtbusch herüber ziehend – die Hecke.
Dann geht es entweder entlang der Gebüschkante und von da ins Freie oder augenblicklich dem Felde zu. Ganz gleich wie sie den Verlauf ihrer Nachtmahlzeit einrichten – stets streben sie dem Schwarzberg zu; ihm statten sie immer einen Besuch ab. Daher kann ich meine Pirsch so ziemlich sicher voraus bestimmen.
Da das Glas nichts Auffallendes an der Hecke zeigt, stütze ich mich auf die Skistöcke und hoffe nun auf das baldige Erscheinen der schwarzen Gestalten. Ein leichter Dunstschleier lässt ohne Glas am dunklen Heckenstreifen keine Bewegung erkennen, so dass ich in Abständen das 7 x 50er zu Rate ziehen muss. Doch so sehr ich mir auch die Sauen auf die Schneefläche wünsche – es tut sich nichts!
Schon will ich die nicht einsehbare Südseite des Feldgehölzes „Schwarzberg" anfahren, da hört sich's von der Straße her nach leisem Brechen und dem Knirschen von Eis an. Die Rotte scheint also die dünn zugefrorenen Löcher in Grabennähe zu durchwechseln – das Glas bestätigt die Vermutung. Und im Nu steht auch schon der schwarze Haufen im weißgrauen Feld! Langsam setze ich mich in Bewegung und fahre in Richtung der Stelle, die die Rotte auf dem Weg zum Kiefernhügel passieren müsste. Wir kommen uns immer näher – der Plan scheint aufzugehen.
Nun ist es an der Zeit, den Drilling zur Hand zu nehmen – vorsichtig wage ich noch ein paar Schritte… Doch plötzlich haben es die Überläufer so eilig – dass wir fast zusammen stoßen. In der Eile fällt mir beim Schrägstellen der Bretter der Stock aus der Hand und mit dem nicht geschützten Teil auf die Skispitzen… ein leicht dumpfer Aufschlag. Die Sauen stutzen und trollen unschlüssig in Richtung Hecke…
Wieder mal echtes Saupech! Die Worte wiederholend, greife ich ärgerlich nach dem Skistock. Doch sehr übel haben die fraßlüsternen Überläufer die kleine Störung wohl nicht genommen.

Wie ich aufblicke, gehen die Dauergäste auf dem „Kartoffelroggen“ bereits wieder ihren unterbrochenen Geschäften nach.
Mit wenigen Rutschern bin ich in ihrer Nähe, spreize die Skier, drücke den Stock leicht in den Schnee, streiche an und nehme die zweite, breit zu mir stehende Sau ins Fadenkreuz. Ein dumpfer Schlag – und die Rotte setzt zur Flucht an…
Im Zielfernrohr erkenne ich, dass eine Sau mit kurzen Fluchten immer schneller wird, plötzlich ausschert und sich überschlägt … Da verhoffen, da stutzen die anderen. Das genügt mir zum erneuten Zufassen. Im erstickenden Knall rutscht die zweite Sau zusammen … wie versprengte, schwarze Reiter huschen die übrigen Schwarzröcke jetzt der Hecke zu. Ich lausche ihnen nach, bis alles wieder still ist.
Dann erst nehme ich mir Zeit für meine beiden Überläufer: rauborstige Kerle mit prächtigen Winterfedern sind's!

Mit Skiern auf Schwarzkittel hinterm Kadelhof

Der Januarmond ging ohne Schnee dahin, und ohne Schnee begann der Februar. Doch dann kamen dunkle Wolken über das flache Land gezogen, die den Schneewinter brachten. Ich rib mir die Hände und holte die Skier vom Boden. Endlich wieder mit den Brettern nach Sauen fährten – wird das eine Lust sein!
Abfährten ist spannungsreicher Vorgeschmack auf die Jagd. Eigentlich beginnt damit schon das Jagen. Vom ersten Schritt an hofft man zu finden, was man zu finden wünscht: frische Fährten, frische Brechstellen. Doch die richtige Zauberkraft bekommt dieses Suchen, dieses Spüren nach Unvorhergesehenem erst bei Schnee. Wie ein weites, unberührtes Land liegt das Revier mit all seinen Geheimnissen zu Füßen des Jägers, nur darauf wartend, von ihm betreten zu werden. Und kreuzt man die ersten Saufährten, stellt sich jagdliches Hochgefühl ein.
Von der Haustür weg schritt ich mit den Langläufern kräftig aus, nahm mir von der Sauener Grenzhecke in Richtung Modderbusch Zeit, glitt gemächlich dahin, um nichts zu verpassen, was von Interesse sein konnte. Da und dort Rehfährten am Weg, eine Fuchsschnur, Hasentritte – so fing es an.
Dann ging es den so genannten Schluchtweg hinunter. Grad' wollte ich mit den Stöcken ausholen, um rascher vorwärts zu kommen, da trollte Rotwild über den Weg. Fünf junge Geweihte zählte ich. Sie hatten mich nicht im Blick, zogen ins hohe Holz, verhofften, standen unschlüssig herum und setzten schließlich ihren Weg fort.
„Nun fehlen nur noch die Sauen,“ dachte ich und glitt weiter, ließ das lichte Holz hinter mir und fuhr direkt auf die Überraschung zu: Der schneebedeckte Sandweg hinter der kleinen Biegung war in seiner ganzen Breite von einer Rotte Sauen durchfurcht und zertreten.

„Vielleicht haben sich die Schwarzkittel in die Hangdickung eingeschoben? Dort gibt es freie Stellen um die Überhälterkiefern herum. Es wäre doch einen Versuch wert, die Sauen anzugehen, wenn sich die Fährten dorthin verlieren würden?" fuhr es mir durch den Kopf. Einer solchen Einladung konnte ich nicht widerstehen. Ab ging's, den Queranstieg an der Dickung hoch. Schritt um Schritt hoffte ich auf die Zeichen im Schnee.
Sollten die Schwarzkittel im Stangenholz die Richtung geändert, nur weit ausgeholt haben und von oben der Dickung zugewechselt sein?", überlegte ich. Letzteres wünschte ich mir und ging im Fischgrätenschritt den Hang an. Vor der Sandmulde über der Kuppe dann der ersehnte Sauenpfad. Ohne Halt hatten die rauborstigen Gesellen die Dickung angenommen. Ich musste wieder zurück und den Weg, der quer durch einen Teil des Jungholzes führte, gespannt durchlaufen.
Nun ging's richtig los: In der einen Hand den Drilling, in der anderen die beiden Stöcke und hinein in die Kiefern. Mal schob ich mich durch dichten Jungkiefernbestand, dann vorbei an lichten Stellen mit alten Baumstubben und Heideflecken. „Wenn das kein Saueneinstand ist – Lagerplätze und Sonneninseln!" – redete ich frohlockend vor mich hin. An solch ruhigen Schneetagen bummeln die Sauen gern im Einstand umher. Da locken die Baumstümpfe und die Moosinseln unter dem Schnee.
Wie ich so langsam dahin glitt, nach rechts und links schaute, dann wieder auf den Weg, um die Saufährten rechtzeitig zu entdecken, marschierte plötzlich ein Frischling auf mich zu, drehte wieder ab und verschwand im Jungwuchs. Fast an gleicher Stelle kam ein zweiter Frischling zum Vorschein und schnüffelte am borkenlosen Kiefernüberhälter herum. Vorsichtig drückte ich die Stöcke in den Schnee, schob die Skier etwas auseinander, um sicherer stehen zu können, und wartete auf die ganze Sippe. Doch den Gefallen tat sie mir nicht. Mal kam ein Stück zum Vorschein, dann wieder schoben sich zwei Frischlinge aus den Kusseln… Die Bache aber ließ sich nicht blicken.
„Warum noch länger warten?", sagte ich mir. Als einer der Frischlinge zu mir gut stand, fasste ich zu… Ein dumpfer Knall – Schneerieseln – Fortspritzen nach rechts und links – und vor mir schlegelte der getroffene Frischling. Rasch löste ich die Bindung, um beweglicher zu sein, denn ich rechnete noch mit dem einen oder anderen Frischling, der entgegengesetzt von der Bache geflüchtet war und den Anschluss suchen würde. Minuten vergingen. Alles blieb still. Schon wollte ich aufgeben und zu meinem Stück gehen… da vernahm ich neben mir ein leises Grunzen. Und in diesem Moment schob sich ein braunweißes Etwas durch tief herab hängende Kiefernäste… und verhoffte einige Schritte halbschräg neben mir… Im Schuss ein kurzes Aufklagen – und fort war der zweite Frischling!
„Weit wird er nicht gekommen sein," dachte ich, ging zu meinem ersten Stück und dann zum Anschuss der zweiten Sau – Schweiß und Borsten lagen verstreut umher – viel Schweiß in der Wundfährte – und zwischen zwei Kiefern schimmerte es braun… „Zwei Sauen, zwei Frischlinge! Von den Skiern aus getroffen – wenn das kein Jagen ist! Lockere Dickungen muss man im Revier haben, dann macht das Anpirschen mit den Skiern Spaß!" jubelte ich leise für mich.

Meine geliebte Leiter am hohen Holz hinterm Kadelhof

Viel vorgenommen hatte ich mir für die stille Winternacht. Zuerst wollte ich im Holz auf Reineke passen, dann im Feld mit den Skiern die Sauen anlaufen. Bereits am Nachmittag machte ich mich auf den Weg zu meiner Leiterkanzel beim Kadelhof. Mit den Skiern von der Haustür weg die drei Kilometer übers Sauener Feld hin zum Görziger Robinienhang zu laufen – das machte Freude. Ich liebte das leichte Dahingleiten im Pulverschnee.
An meiner Leiter angekommen, stellte ich Skier und Stöcke „abfahrbereit", steckte die eingewickelten Laufschuhe in den Rucksack, kroch in den Ansitzsack, legte den Drilling griffbereit und wartete geduldig auf Meister Rotrock. Im Dämmerlicht wechselte Rehwild aus der Dickung, mehrere Hasen hoppelten den Pass entlang ins Feld, Doch Reineke ließ sich nicht blicken, auch sein rauheiseres Bellen war nicht zu hören.
Da plötzlich inmitten der Dickung ein Aufklagen, ein Kreischen – ich wurde hellwach: „Die Sauen stecken in der Dickung und machen sich auf den Weg ins Feld...". Da – wieder ein Streiten schon ganz in der Nähe. Sollte die Rotte gar auf mich zuwechseln? Jetzt aber den Drilling in die Hand! Denn alles kann rasch gehen! Und wie ich's gedachte hatte, rumorten die Sauen bereits am Dickungsrand. Dann ein Blasen der Bache – und die ganze Bande marschierte in die Kiefern zurück – ohne Eile, und drinnen ging das Streiten munter weiter.
„Was mag nur in die Bache gefahren sein, dass sie plötzlich kehrt machte? Ich sitze doch gut im Wind!" sprach ich enttäuscht leise vor mich hin...
Ein Weilchen später hörte ich die Sauen ganz entfernt rumoren, noch in der Dickung aber schon oben am Feld. „Jetzt aber auf die Skier und ihnen nach!" Alles außer dem Drilling ließ ich zurück, baumte ab, schlüpfte in die Langläufer und umfuhr so rasch es ging die Dickung. Als ich die Feldkante erreichte, beschäftigte sich die Rotte bereits mitten auf dem Schlag. Im leichten Bogen fuhr ich drauf zu, ließ einen Stock fallen, glitt langsam näher, nahm den Drilling von der Schulter, strich am Stockgriff an und fasste das letzte Stück der Rotte ins Fadenkreuz. Im Knall schob es das Stück vor, und ab ging der ganze Trupp und beschrieb einen Halbkreis in Richtung Dickung. Die beschossene Sau hielt mit, doch wurde sie langsamer und langsamer und strauchelte schließlich in den Schnee. Die Rotte nahm davon keine Notiz und trollte im „Gänsemarsch" zurück in die Dickung. Von dort war ihr Brechen – leiser und leiser werdend – noch ein Weilchen zu vernehmen.

Der Frost blieb und damit auch der Schnee– darüber hinaus kam noch eine Neue hinzu – und so hoffte ich, dass sich in der Feldholzkieferndickung hinter dem Kadelhof noch eine zweite Rotte zu der Bache mit ihren Frischlingen dort einfinden würde.
An einem späten Vormittag machte ich mich also mit den Skiern auf den Weg. Den Einstand wollte ich kontrollieren. An meiner Leiter fand ich die Fährten „meiner" Bache und ihrer Frischlinge. Bei den Ginsterbüschen hatten die Überläufer weitere Visitenkarten hinterlassen. Ich hoffte nun, dass sie sich gestreckt hatten... Und so war es denn auch – kein Auswechsel auf der Wegseite, der zur Straße führte. Also freute ich mich schon auf eine Nachtpirsch mit

den Skiern dorthin. Schon weit vor Mitternacht glitt ich durch den Schnee, den Drilling kurz geschnallt über der Schulter.
Am Robinienhang oberhalb von Kadelhof stand Rehwild auf dem Feld, und am Bachrand hoppelten die Mümmelmänner hin und her. Ich beobachtete die Szene eine kleine Weile bis mir kalt wurde. Dann bog ich hinüber zum Altholz vor der Kieferndickung, wo völlige Stille herrschte. Langsam glitt ich die Wegseite Richtung Straße entlang…
Da vernahm ich Sauengeräusche in der Dickung. Aufmerksam horchend glitt ich noch wenige Schritte vorwärts… Dürräste brachen –die Rotte war auf dem Weg ins Feld. Ganz achtsam wurde ich nun und dachte: hoffentlich schieben sie sich langsam heraus. Und sie taten mir den Gefallen.
Inzwischen hatte ich den Drilling schussbereit in der Hand – das Glas war nicht nötig, denn es konnte ja nur der Überläufertrupp sein… Da zog schon das erste Stück am verschneiten Dickungsrand entlang, die anderen folgten, und plötzlich standen sie ganz frei…
Einer der Überläufer stand 10-15 Schritt quer vor mir – ihn nahm ich ins Absehen – und Knall – und Fall – und schlegeln…
Die anderen flüchteten ins Feld Richtung Straße. Rasch fuhr ich ihnen nach, um sie nicht aus dem Blick zu verlieren. Sie verschwanden auch nicht aus meinem Blickfeld, sondern kamen im „Gänsemarsch" über's Feld gegenüber dem Fahrweg zurück.
Meine Skier stellte ich quer, und so hatte ich den Trupp voll im Blick. Sie wollten also in die Dickung zurück und kamen immer näher. Inzwischen hatte ich am Skistock angestrichen, und als ich einen in der Visierung hatte – die Rotte stoppte kurz – riss ich Funken! Los sprengte die Rotte! Einer wurde langsamer… strauchelte… – die anderen verlor ich aus den Augen.
Am Rand der Dickung konnte ich nun zwei Nachtpirsch-Überläufer versorgen und mit dem „Inbesitznahme-Bruch verbrechen". Im raschen Langlaufschritt kehrte ich zurück in mein Sauener Domizil. Schuhwechsel, Auto aus der Garage, und schließlich die beiden Überläufer zu Oberförsterei gebracht – nicht ohne zuvor die Aufbrüche so zu postieren, dass ich am nächsten Tag auf den Fuchs ansitzen konnte!

Fuchsansitz am Aufbruch

Am nächsten Abend fuhr ich mit den Skiern – Fußsack und Decke im Rucksack, den Drilling über der Schulter – Richtung Feldholzdickung. Dort hatte ich meine Aufbrüche vom Vortag postiert. Als ich das Hohe Holz erreichte und das Feld ableuchtete, hockte bereits ein Fuchs auf den festgefrorenen Aufbrüchen. Um meinen provisorisch vorbereiteten Bodenansitz einzunehmen, hatte ich noch ein paar Schritte zu rutschen. Doch schon hatte Reineke etwas bemerkt – ein kurzes Aufrichten… und fort war er.
Ich schlüpfte aus den Skiern, zog den dicken Anorak an, kroch in den Ansitzsack und hockte mich auf meine provisorische Sitzgelegenheit. Im Rücken eine starke Kiefer.
Vor mir ein armstarker Birkenstrauch zum Anstreichen des Gewehrs… Da saß ich nun bei klirrender Kälte und wartete auf Meister Rotrock.
Mein Gedanke: Ob sich der Vertretene wieder blicken lässt? Und tatsächlich – aus der gegenüber liegenden Dickung schnürte er heraus und auf den Aufbruch zu. Zum Fraß hockte er sich wieder obenauf… schon hatte ich ihn im Absehen – und im Knall kugelte er in den Schnee…
Ein Weilchen wollte ich schon noch aushalten – vielleicht lässt sich auch ein weiterer hungriger Fuchs noch blicken…
Trotz Fußsack wurden die Füße langsam steif, schon wollte ich den Ansitz aufgeben – und da trollte tatsächlich Meister Rotrock Nr. 2 kauzend über das Feld heran. Er streckte sich vor dem Aufbruch lang – ich riss Funken… da lag Fuchs Nr. 2 im Schnee…

Der Keiler vom Sandloch

Mit dem PKW erreichte ich die Kunersdorfer Kosakenberge. Dort angekommen, schlüpfte ich in die Langläufer und fuhr nun zum Abfährten Richtung Großer Modderbusch.
Im Suhlenbereich fand ich frischen Saubruch. Ich umfuhr der Großen Brand – jetzt wieder zur Kieferndickung und spürte dort die Sauen – sie suchten also nachts die Suhlen auf, um danach durch die Kiefern hinauf zum Feld zu wechseln, und morgens wieder in ihren sicheren Einstand zurück zu kehren.
Zunächst entschied ich mich für den Ansitz am Abend auf der Kanzel an den Suhlen. Zuvor aber fuhr ich zurück zu den Kosakenbergen und nahm mir noch eine Visite des Kleinen Modderbuschs vor. Mein Gedanke dabei: vielleicht machte dort unter den Alteichen eine andere Rotte Station?
Mit langsamen Schritten fuhr ich den Schluchtweg hinunter und fand – Rotwildfährten vor dem lockeren Stangenholz. Hatten sie sich am Altholzhang vor dem Modderbusch zum Äsen

eingestellt? Langsam gleitend fuhr ich dem Stangenholz auf dem Sandrücken zu. Als ich die erste Biegung erreichte – eine Überraschung: zwischen den Kiefernstangen: eine Sau! Ganz seelenruhig stand sie da, schien mich völlig arglos zu beobachten. Sie wurde auch nicht flüchtig, als ich den Drilling von der Schulter nahm und mich in Schussposition brachte... Dass es sich um einen Keiler älteren Semesters handelte, hatte ich beim ersten Anblick gleich erkannt. So gab es kein Zögern – den Schuss hielt er aus, dann sackte er zusammen...
Ich schnallte die Skier ab, näherte mich vorsichtig der Sau und erkannte auf den ersten Blick: ein etwa vierjähriger Keiler mit versteiftem, rechten Vorderlauf – eine gut verheilte Schussverletzung...

Die Sauen von der großen Suhle

Gegenüber dem Finkenberg im Grund der abgeholzten Sauener Berge – damals noch bestanden mit aufgewachsenem Kiefernjungwuchs – befindet sich ein Lehmloch. Der Hang oberhalb durchsetzt mit Altholz. Kamen die Sauen morgens vom Feld, machten sie gern dort Station, um ausgiebig zu suhlen, oder auch nur um ein Bad zu nehmen.
Schon von weitem hörte ich morsche Äste knacken, die Rotten wechselten an, hin und wieder stritten sie untereinander – und eins-zwei-drei klatschten sie in die Suhle... mitunter traten sie auch nur im vergrasten Grund umher.
Aus herunter gebrochenen Kiefernästen hatte ich mir am Hang einen Bodensitz eingerichtet, zwar konnte ich von dort nicht die Suhle einsehen jedoch das Vorland überschauen, und so erkennen, ob sie gesuhlt oder nur gebadet hatten, wenn sie in dem freien Grund erschienen. Von meinem Sitz, den ich vom Pfaffendorfer Heuweg hangaufwärts bezog, hatte ich Schussfeld in den Grund und konnte zu Schuss kommen, wenn die Sauen genug vom Suhlen hatten und durch die Kiefern zurück oder direkt den Hang hinauf wechselten.
Es war einer meiner Lieblingsplätze, von dem aus ich das ganze Jahr über zu Anblick und zu Schuss kam. Eine ansehnliche Summe an gestreckten Frischlingen und Überläufern kam in jenen Jahren zusammen.

Das „Waldgespenst“

Zu dieser Lehmsuhle wechselten auch – vor allem in der Feistzeit – die Hirsche. Die ersten Schreie Anfang August waren gewissermaßen das Signal: Jetzt geht’s los mit der Hirschjagd! Einmal in sternfunkelnder Augustnacht saß ich dort und erwartete das Anwechseln der Hirsche und ihre ersten Schreie.
Hatten die Junghirschrudel Mitte August ihre geringen Geweihe gefegt, wechselten sie meist morgens vom Feld in Richtung Suhle. Ihr Anwechseln war nicht zu überhören. Durch ihr Geweihgeklapper verrieten sie ihren Weg und standen mit einem Mal plötzlich im Grund, um nun den Hang in Richtung meines Sitzes herauf zu ziehen. Eine Weile traten sie hin und her, um dann über die Kuppe den Hang hinunter in ihren Tageseinstand hinter den Roteichen zu wechseln.
Es waren köstliche Augenblicke, die ich hier erleben durfte!
Mehrere Junghirsche konnte ich dort schon zur Strecke bringen. Doch nicht nur Junghirschrudel, auch starke Hirsche zogen in der Feiste allein oder in Trupps mittelalter Geweihter zu dieser Suhle. Dort traf ich auch wieder meine im Juli im Feld zu Schaden gehenden älteren Basthirsche an – jetzt mit blankem Geweih – und jetzt konnte ich sie genauer auf ihr Alter taxieren.
Als ich zu Beginn der Schusszeit mit einem befreundeten Jäger morgens an der Suhle ansaß, wechselte der von mir bestätigte, alte Hirsch wie auf Bestellung an. Als er schussgerecht stand, war ich mir sicher, es handelte sich um den ganz starken Recken, den ich schon vom Sommer als Basthirsch kannte. Der Weidmann aber musste, um das Gewehr in Anschlag zu bringen, seinen kranken Fuß anheben. Diese fast unmerkliche Bewegung des Jägers hielt aber der Hirsch nicht aus, hochflüchtig ging er ab und ward an der Suhle nie mehr gesehen. In diesem Fall traf die alte Jägerweisheit zu: „Der alte Feisthirsch ist ein Waldgespenst!“

Die Jagd nach der Wende

Dann kam die Wende und bei allen DDR-Jägern die große Frage: Wie geht es weiter mit den Jagdgesellschaften? ... oder? ...oder...? Es bestand die Forderung, das Jagdausübungsrecht für die Jagdgesellschaften zu erhalten.
Der Präsident des Landesjagdverbandes Nordrhein-Westfahlen, Freiherr Heeremann, sprach sich für jagdpachtfähige Jagdgesellschaften aus. Diese Forderung stieß beim damaligen Präsidenten des Deutschen Jagdschutzverbandes, Gerhard Frank, auf konsequente Ablehnung. Er sagte: „Jagdvereine dürfen nicht pachtfähig werden!"
Der Einigungsvertrag schrieb fest:
„Die am Tag des Wirksamwerdens des Beitritts im so genannten Gebiet (DDR) geltenden Vorschriften über die Jagdausübung durch die Jagdgesellschaften sind innerhalb der bestehenden Jagdgebiete noch anzuwenden und zwar bis Datum 31. März 1992."
Im Klartext bedeutete diese Entscheidung das „AUS für die Jagdgesellschaften und die Verpachtung der Reviere nach bundesdeutschem Recht."
Für mein bisheriges Sauener Jagdgebiet der Jagdgesellschaft Neubrück hieß das u. a.: Verpachtung der Gemarkungen Sauen und Pfaffendorf.
Der Pfaffendorfer Teil des Sauener Reviers, in dem ich hauptsächlich jagte, war der größere Teil, der zur Verpachtung stand. Da ich schon während der Jagdgesellschaftszeit gute Kontakte zu den Besitzern von Feld und Wald hatte, und mich um die Vorbereitung der Verpachtungsregularien kümmerte, erhielt ich auf der Gründungsversammlung der Jagdgenossenschaft Pfaffendorf den Zuschlag als Pächter mit weiteren Jägern aus meiner ehemaligen Sauener Jagdgruppe.
Der „Wermutstropfen" im Pachtvertrag: „Volle Übernahme des Wildschadens."
Für uns Jäger bedeutete das, jetzt ein gutes Verhältnis zur gebildeten Agrargenossenschaft aufzubauen. Und das gelang uns auch.
Infolge eifriger Bejagung der Maisflächen hielt sich der Wildschaden in Grenzen.
Was für mich persönlich wichtig war: abgesehen von einigen Grenzkorrekturen konnte ich wieder auf dem Territorium meines „ehemaligen" Sauener Jagdgebietes jagen.
Für mich war es also ein echter Gewinn!
Der Revierteil Finkenberg und die Ausläufer der Sauener Berge mit der großen Suhle gehörten nach der Jagdgesellschaftszeit 1992 zu meinem Pachtrevier, in dem sich einige sehr gute Saueneinstände befanden. Auch die Eigenjagd „Stiftung Sauener Wald" gehörte dazu.
Im Herbst eines jeden Jahres wurde von Anfang an gemeinsam mit den Reviernachbarn, auch mit der Eigenjagd „Stiftung Sauener Wald", eine Ansitzjagd mit Einstandsbeunruhigung durchgeführt, meist als „Ansitzdrückjagd" bezeichnet. Bei dieser Jagd setzte man stets niederläufige Hunde ein, die stets frei jagten jedoch auch „überjagten"!
Im zweiten Pachtjahr hatte ich bei der Jagd eine Gruppe von Jägern auf vorbereitete Stände angesetzt, meist in Schirme an Hanglagen in Durchzugsorten, um das von Treibern und Hunden auf die Läufe gebrachte Wild dort vor die Schützen zu bringen.

Als ich meinen Sitz oberhalb der Suhle mit einem Jungjäger beziehen wollte, war aus dem Sauener Revier Hundegeläut zu vernehmen. Noch vor vereinbarter Zeit setzte also der Jagdleiter Treiber und Hunde in Bewegung. Bald darauf fielen ersten Schüsse… das Hundegeläut kam näher, und schon jagten die Hunde in meinem Revier. Sie hatten also Wild angejagt, jagten nun an dem von ihnen hoch gemachtem Wild und überjagten! Plötzlich am Heuweg anhaltender Standlaut. Da das Treiben entsprechend der verabredeten Zeit noch nicht angeblasen war, liefen wir beide rasch den Hang hinunter zum Heuweg und sahen an der ersten Wegbiegung Richtung Pfaffendorf zwei niederläufige Hunde, die einen von ihnen gestellten Hirsch verbellten.
Also hatte der Hirsch kurz nach dem Abstellen sicher einen von den ersten Schüssen erhalten. Beim Draufzugehen ließen die Hunde vom Hirsch ab. Ich strich an einen Baum an, und im Schuss sackte der Hirsch zusammen.
Fährtenlaut jagten die beiden Hunde ins Treiben zurück und jagten dort weidlaut weiter.
Die Nachfrage nach der Jagd beim Jagdleiter des Eigenjagdbezirkes Stiftung Sauener Wald, wer einen Hirsch beschossen habe, der ins Treiben zurückgewechselt sei, war ergebnislos: Keiner der Jäger habe einen Hirsch beschossen…
Doch der Hirsch hatte einen alten tiefen Keulenschuss auf der linken Seite und einen frischen Schuss auf der rechten Keule… Ein ungerader Zehner-Hirsch von sechsten Kopf…

Meine Hirsche von den Sauener Bergen

Gegenüber dem Finkenberg am Pfaffendorfer Heuweg auf dem mit Kiefern bewachsenen Sandhügel hatte ich mir einen Bodenansitz eingerichtet. Im Grund führt der Weg zur Sauener Reviergrenze entlang. Gegenüber des Weges reichte das mit Unterwuchs bestandene Altholz bis zu Hallmanns Feld. Von hier führten Sauen- und Rotwildwechsel als Rückwechsel durch den Waldmantel zu ihren Einständen im Inneren des Waldes. Meistens führte der Weg an der großen Suhle vorüber.

So bot sich auch Gelegenheit, die eine oder andere Sau – wenn sie vom Feld kommend, dem Kiefernsandrücken zuwechselten – zur Strecke zu bringen.
Wochen nach der Brunftzeit fährteten sich auf Hallmanns Feld starke Hirsche. Das Getreide war durchgewachsen und bot gute Äsung. Morgens zogen sie durch den Waldmantel ihrem Tageseinstand zu. Dabei mussten sie auf der rechten oder der linken Seite des Sandrückens entlang ziehen. Um den Ansitzort zu erreichen, wählte ich stets einen Umweg dorthin, ich wollte vermeiden, das Wild, das sich dort bereits aufhalten konnte, zu beunruhigen oder gar zu vertreten.
Eines Morgens im August saß ich also dort an, um die Hirsche beim Rückwechseln abzupassen. Eine schon stärkere Kiefer diente als Rückenlehne, die schwächere vor mir zum Anstreichen des Gewehrs...Ich war mir sicher, die „Geweihten“ von meinem Bodensitz aus in Anblick zu bekommen,
In der ersten Morgendämmerung die ersten Laute – eine Rotte Sauen wechselte an – ich ließ sie unbeschossen ziehen – ich wartete ja auf die Hirsche. Mit zunehmendem Licht vernahm ich leises Schlagen mit den Geweihen am Unterholz... dann wieder Stille... doch die Geräusche kamen näher und näher... und da stand der Erste ganz frei und stellte sich breit – so konnte ich ihn sicher ansprechen...
Die andern drängten nach... einer nach dem anderen zogen sie dem ersten, dem ältesten des kleinen Rudels hinterher.
Der „Anführer“ hatte nicht im Sinn, den Hang zu mir hoch zu ziehen. Er hatte die Richtung quer zum Robinienhang hin eingeschlagen, und bald entzog sich der Trupp meinen Blicken. Doch so viel hatte ich heute erfasst: alles starke, mittelalte Hirsche! Ich hoffte nun, den Trupp am nächsten Morgen wieder zu Gesicht zu bekommen.
Anderntags nahm ich also noch im Dunkeln meinen gestrigen Ansitzplatz wieder ein.
Dieses Mal wechselten mehrere Rotten Sauen vorüber – doch das war mir recht, denn im Dämmerlicht oder gar später im Hellen wären sie den Hirschen ins Gehege gekommen.
Doch mit einem Mal ging es los – leises Ästeknacken und das Anstreichen der Geweihe im Unterholz entging mir nicht. Schritt um Schritt kamen meine Hirsche näher... Dann stand der ganze Trupp neben mir im hohen Holz... sie schienen zu überlegen, ob sie an mir vorbei in die Sauener Berge oder wieder durch die Robinien zum Finkenberg ziehen wollten.
Doch irgendetwas schien ihren Argwohn geweckt zu haben – Wind von mir konnten sie eigentlich nicht bekommen... Sie formierten sich erneut und marschierten zurück Richtung Waldmantel – Einer nach dem Anderen....
Als sie nochmals verhofften, und der Älteste vom Sechsertrupp frei stand – er wandte mir das Blatt zu! – hielt ich Hochblatt an – er strauchelte im Schuss – und alle anderen gingen hochflüchtig ab. Ich lauschte ihnen noch nach, bis nichts mehr zu vernehmen war...
Klopfenden Herzens trat ich zu „meinem Hirsch“ und hob das Geweih aus dem Kraut:...Ein Achter mit braunen Stangen und weiß gefärbt die Enden. Und nicht mehr jung. Nach dem Abkochen von Geweih und Unterkiefer schätzte ich den Hirsch nach dem Abschliff des Unterkiefers auf acht ... neun Jahre. Wenn auch kein Methusalem von Hirsch, so doch ein älterer Abschusshirsch, wie er im Buche steht.

Mein Recke vom Finkenberg

Der Januar, von dem ich erzählen will, ging so gut wie ohne Schnee und Frost dahin. Das bisschen was fiel, reichte weder für eine Nachtpirsch auf Sauen noch für die Pirsch mit Skiern. Doch reichlich Äsung für das Rotwild gab es – Getreide und Raps standen gut.
Und das war für mich eine Entschuldigung. Überall fand ich Schlagstellen von Junghirschen: manche Robinienbüsche hatten sie regelrecht aufgeschlitzt wie Ende August.
Aber auch die alten Recken hinterließen ihre Spuren – auf Hallmanns Feld zwischen Jagdbudenweg und Zillmerstein war Roggen angebaut, und die Frucht stand gut im Blatt. Junge wie alte Hirsche wechselten dort an, um zu äsen. Das geschah abends bei schwindendem Büchsenlicht – und morgens waren sie bereits ins angrenzende Holz gezogen. Die Trittsiegel im feuchten Boden verrieten mir, was ich zu sehen wünschte: unter den Stärkeren befand sich auch ein ganz Starker. Ich brauchte nicht lange zu überlegen, wo ich morgens anzusitzen hatte, um den alten Recken zu Gesicht zu bekommen.
Also bezog ich meinen Bodenansitz auf dem Sandhügel gegenüber dem Finkenberg – der höchsten Kuppe der Sauener Berge.

Mein erster Morgenansitz bei offenem, trockenem und ruhigem Wetter verlief anblickslos; lediglich Sauen wechselten mich bei gutem Morgenlicht an. Ich ließ sie unbeschossen durch. Dann hörte ich Geweihgeklapper… und schon hatte ich den Trupp junger Hirsche im Blick: sie hatten sich mit dem Rückwechseln durch den breiten Waldmantel Zeit gelassen und darum verspätet. Ich betrachtete sie nach der Reihe genau durch das Glas und fand heraus, dass sich in dem Sechser-Trupp zwei Abschuss-Hirsche befanden. Aber ich ließ sie ziehen, denn ich erwartete ja den „Hochgeweihten". Doch an diesem Morgen blieb er aus…
„Er ruht wohl bereits in seinem Einstand…" dachte ich so bei mir und hoffte auf den nächsten Morgen. Möge das Wetter halten! Der Januar neigte sich dem Ende zu…
Und am nächsten Morgen – bestes Jagdwetter! Wie schon an den Tagen zuvor – offener Boden, leicht feucht, das Laub raschelte nicht beim Anmarsch zum Ansitzort, und kaum ein leiser Windhauch war zu spüren…
Noch in stockdunkler Nacht machte ich mich auf den Weg. Wie immer stellte ich an der Wegeinfahrt zur großen Suhle mein Auto ab und spazierte behutsam meinem Ansitzplatz zu – ringsum Stille…
Zuvor am Buchenhang keine Geräusche… lautlos gelangte ich durch das feuchte Laub und über Kiefernnadeln zu meinem Platz: die Filzmatte als Sitzunterlage, die geladene und gesicherte Repetierbüchse an den Anstrichbaum gelehnt, dann die Beine ausgestreckt und den Rücken angelehnt. Jetzt könnte es langsam hell werden, dachte ich so bei mir – und der Hirsch könnte durchs Altholz zu mir herüber wechseln – Heiliger Hubertus – hilf!
Aber ich musste mich in Geduld üben…
Als es zu dämmern begann, wechselte eine Rotte Sauen an und – glücklicherweise – langsam den Hang vor mir querend in guter Schussposition entlang (wohl weiter zur großen Suhle strebend, dachte ich). Doch ich regte mich nicht, griff nicht zur Büchse…
Die halbhelle Nacht wich, es wurde heller und heller… Und da hörte es sich an wie „Stangenanstreichen" und das Anschlagen an derbere Sträucher… dann wieder Ruhe – und jetzt trat „Er" ins Freie! Er zog dem Robinienhang zu, stand dann spitz zu mir, senkte sein Haupt und spießte mit dem Geweih im lockeren Boden herum. Kein weiterer Hirsch folgte. Ganz sicher also der alte Recke – längst hatte ich ihn im Zielfernrohr und befürchtete nur, er wolle den Robinienhang hinauf und in die Kiefernstangen ziehen… doch er kam näher zu mir gezogen. Als er die ersten Schritte entlang trabte und einmal kurz stutzte, riss ich Funken… Ein paar angedeutete Schritte noch, dann aber stürzte er und lag wenige Meter unterhalb meines provisorischen, doch sicheren Sitzes.
Ich hielt die selbst verordnete Wartezeit ein, trat dann an den starken Recken heran und dankte St. Hubertus für dieses „Geschenk".
Nach dem Aufbrechen streckte ich den Hirsch und lehnte ihn mit dem Geweih an den Baum – so hatte ich ihn von meinem Sattelstock „wie in Anblick" – er war einer meiner besten: der „ungerade 16-Ender vom 12. Kopf" am 26. Januar 2011.
Es sind die glücklichsten Momente im Leben eines Jägers, wenn er sein Wild mit seinem ganzen Herzen und nicht nach der Uhr erwartet.

Eine Überraschung bei der Nachtpirsch auf Sauen

Dass die Geweihe alter Hirsche Ende Januar schon recht locker sitzen und bereits Anfang Februar abgeworfen werden können, erlebte ich bei einer Nachtpirsch auf Sauen.

Bei offenem Wetter pirschte ich kurz vor Mitternacht bei verhangenem Mondlicht vom Kadelhof, wo ich den PKW abgestellt hatte, in Richtung Robinienhang.

Zunächst war von Sauen weder etwas zu sehen noch zu hören. Als ich nun vom Graben am unteren Robinienhang den alten Heckenstreifen entlang Richtung Liepe-Ausbau pirschte, konnte ich durch das Glas vor dem alten Feldbirnbaum dunkle Flecken ausmachen, die sich als eine „Sauengesellschaft“ entpuppten. Auf dem alten Maisacker brachen sie dort nach Fraß, doch näher kamen sie nicht… Also pirschte ich behutsam auf die Sauen zu.

Bereits auf Schussentfernung, doch noch ein Stück vom Feldbirnenbaum entfernt, musste ich einen Ast beiseite stoßen, um guten Halt für die Füße und den Zielstock zu haben…

Einer der Überläufer auf dem Feld postierte sich breit vor mir, und ich ließ fliegen. Daraufhin verließ die ganze Rotte hochflüchtig das Feld und verschwand in der Hangdickung. Zurück blieb ein strammer Überläufer…

Etwas später bei genauerem Hinsehen entpuppte sich jener im Weg liegende „Ast“ als starke Abwurfstange. Und beim genauen Betrachten dieser Abwurfstange entdeckte ich wenige Schritte daneben die zweite…

An diesem Abend hatte mir das Mondlicht nicht nur einen strammen Überläufer sondern dazu auch noch den Abwurf eines alten Hirsches geschenkt!

Eine Nachtpirsch mit solch einem Ergebnis erlebte ich kein zweites Mal!

Meine Stoppelsauen von der Grenzhecke

Der 20-ha-Schlag hinter der westlichen Sauener Grenzhecke war in jenem Jahr, von dem ich erzählen will, mit Weizen bestellt. Als die Milchreife begann, hatten ihn die Sauen entdeckt und suchten ihn Nacht für Nacht heim. Es waren mehrere Rotten, die im benachbarten Feldgehölz im dichten Strauchwerk und in der Tannendichtung am Buddelbergweg lagerten. Ihre „Pfade" führten in den Weizen hinein, und dabei hinterließen sie ihre deutlichen „Visitenkarten".

Spät abends, nachts und auch morgens brachte ich dort einige Frischlinge zur Strecke. Doch über den Schaden deckten die zuständigen Landwirte den „Mantel der Nächstenliebe". Wussten sie doch, dass der Weizenschlag von Jägern „bewacht" wurde.

Anfang August endlich die Mahd. Der Mähdrescher mähte abends die letzten Bahnen, und ich bezog an der Eichenallee meinen Ansitzplatz auf dem Sitzstock. Hier wechselten die Sauen abends gern aus. Im Unterholz des dem Weizenschlag gegenüber liegenden Waldstückes steckten mehrere Bachen mit ihren Frischlingen. Bis zum Weizen hatten die Sauen also nur „ein paar Schritte" zu laufen…

Schon als der Mähdrescher die letzte Bahn nahm, hörte ich hinter mir ein leises Brechen von Dürrästen, und kaum war er an mir vorbei gefahren, standen sie auch schon in den soeben gelegten Schwaden – eine Altbache mit ihren Frischlingen. Groß war ihr Appetit, und vom Geräusch des davon fahrenden Mähdreschers nahmen sie keine Notiz. Die Frischlinge wuselten in den abgelegten Schwaden hin und her und standen dann auf der frei gemähten Bahn…

Mit dem Schuss konnte ich mir Zeit lassen… strich dann mit dem Drilling am Zielstock an – raus war der Schuss – die ganze Bande flüchtete zurück ins Unterholz – doch einer von ihnen blieb zurück…

Ich wartete nur eine kurze Zeit – da gab die Bache Entwarnung, und die ganze Sippschaft stand alsbald wieder vor mir im Stroh – kurz darauf lag der zweite Frischling im Feuer…

Das war der Bache denn doch zuviel der Störung – auf und davon hastete die ganze Gesellschaft.

Nachdem ich die beiden Frischlinge versorgt hatte, machte ich Brotzeit...

Es dunkelte bereits, da kam wieder Leben auf den abgeernteten Weizenschlag. Aus Richtung Dachsholz und Dachshecke schoben sich wieder Sauen durch die Grenzhecke. Diesmal war es eine gemischte Rotte – Sauen, Frischlinge und Überläufer. Zwischen den Schwaden zogen sie herauf in meine Richtung. Als sie schließlich auf etwa 50 Schritt heran waren, wartete ich, bis sie sich etwas auseinander zogen… Dann nahm ich mir einen Überläufer aufs Korn – im Schuss streckte er sich lang auf einen Schwad. Die Rotte trollte unschlüssig noch eine kurze Strecke über den Schlag, um erneut nach liegengebliebenem Fraß zu suchen… Da stiebte im Schuss ein zweiter Überläufer noch eine kurze Strecke – und streckte sich dann auf der Stoppel lang. Inzwischen hatte sich die Rotte nun doch gesammelt… und ab ging's hinein ins schützende Unterholz…

Sau und Hirsch auf der Roggenstoppel

Die Roggenstoppel steht ja eigentlich nicht oben auf der Speisekarte der Sauen. Wenn aber Weizen- und Haferstoppel fehlen, oder bereits der Umbruch erfolgte, suchen die Sauen auch auf der Roggenstoppel nach Fraß. Und so war es auch eines Jahres auf Liepe-Ausbau Berg. Anfang August wurde der auf dem Sandboden dürftig stehende Roggen gedroschen. In den Abendstunden danach saß ich dort auf meiner Leiter am Waldrand an. Das große Feldgehölz hatte ich im Rücken und vor mir das zum Weg hinunter abfallende Feld. Die Strohballen lagen noch verstreut umher…

Als das Büchsenlicht am Verlöschen war, und die Stoppel mit den Strohballen noch gutes Licht gab, erschienen schon die ersten Sauen und durchstöberten die Ballen. Sie befanden sich außer Schussweite und verdrückten sich Richtung Mais über die Bahnstrecke.

Ich blieb auf meinem Sitz hocken und vernahm kurz darauf hinter mir im Wald „Geräusche", und schon bald erschienen Rehe auf der Stoppel. Vielleicht ziehen sie den Sauen hinterher, dachte ich und hielt schon den Flintenlauf auf der Brüstung.

Die Überraschung: wie aus dem Nichts steuerte eine Waldohreule auf den Flintenlauf zu und blockte darauf auf… die Philomele der Nacht schien dies für den rechten Platz zu halten. Doch als sie mir den Kopf zudrehte, bemerkte sie den Irrtum, hob wieder ab und strich zurück in den Wald.

Da sich die Sauen nicht mehr blicken ließen, baumte ich ab. Aber am nächsten Morgen wollte ich's wissen – doch hatte ich mich etwas verspätet. Als ich vom Buddelbergweg aus auf meine Leiter zuging, hörte ich die Sauen bereits zurück wechseln. In der Senke an der Lichtleitung hatte ich die Rotte dann vor mir, und ich stand gut im Wind. Diesmal führte ich eine 16er Doppelflinte mit vierfachem Zielfernrohr – längst mit Brennecke geladen.

Als ich einen der Überläufer im vierfachen Absehen des Zielfernrohrs fest hatte, krümmte ich den Finger… Im Knall spritzte die Rotte fort – zurück blieb der Überläufer. Im Handumdrehen hatte ich das Stück aufgebrochen und zum Ausschweißen hohl über gebrochene, dicke Äste gelegt.

Danach pirschte ich weiter zu meiner Leiter. Dort angekommen, sah ich drei Hirsche von der Wiese unten am Weg herauf zur Roggenstoppel ziehen. Ich drückte mich hinter die Kiefer an der Leiter und beobachtete die Gruppe. Sie standen vor mir auf der Stoppel und senkten ihre Häupter, als wollten sie zum Schein äsen. So um die 40 Gänge entfernt von mir mochten die Hirsche stehen. Einen guten Zehner machte ich aus, dazu erkannte ich einen Gabelachter und einen Sechser im Absehen. Im Schuss ging der junge Sechser zu Boden – die beiden anderen flüchteten in die benachbarte Dickung…

Nach kurzer Wartezeit – es war schon heller Tag geworden – ging ich zu „meinem" Hirsch… mit hohem Blattschuss lag er am Anschuss – ein schwacher Sechser vom zweiten Kopf.

Ein Pirschmorgen nach Mitte August – mit Sau und Hirsch als Beute!

Was für ein Jagdsommermorgen!

Saupirsch bei Schnee und beißender Kälte

Bei wohliger Wärme saß ich am Schreibtisch… es mochte später Vormittag sein. Da wollte ich mir die Füße vertreten, kalte Winterluft schnuppern und ein Stück hoch zur Eichenallee und bis zur Grenzhecke spazieren. Vielleicht konnte ich frischen Saubruch in Augenschein nehmen. Von der Haustür weg waren es nur wenige Schritte bis zum Wald.
Ich war noch nicht weit gelaufen – am Weg zum Weinberg vorbei – da hörte ich linker Hand in den Buchen Geräusche. Und schon sah ich die ganze Bande: Frischlinge, Bachen und Überläufer, wie sie das Buchenlaub durchstöberten. Von mir nahmen sie keine Notiz. Der Wind war nicht zu spüren und konnte keinen Argwohn erwecken.
Augenblicklich fasste ich den Entschluss: zurück zur Wohnung – gedacht… getan… mit wenigen Handgriffen den Drilling, ein paar Kugeln und Brennecken aus dem Schrank und flugs wieder zur Haustür hinaus und auf dem Weg zu den Buchen.
Doch nur den Saubruch entdeckte ich noch. Die Sauen waren bereits verschwunden, vielleicht sogar in ihren Einstand in die Weinbergtannen gewechselt. Aber ich gab nicht auf, pirschte Schritt für Schritt weiter, und entdeckte die Schwarzkittel auch schon bald wieder. Langsam brechend waren sie weiter gezogen, hatten das Ahornholz erreicht, und nun untersuchten sie dort die Laubdecke.
Behutsam pirschte ich den Trupp ganz nah an… dann nahm ich mir einen Frischling vor – rauborstige, schwarze Kerle waren es – und als ich ihn gut im Absehen hatte, riss ich den Züngel durch…! Da gab es für die Rotte kein Halten mehr– hochflüchtig rasten sie allesamt über den Weg und rechts ins Holz hinein. Auch in der Weinbergtannendickung kamen sie noch nicht zur Ruhe…
Als es schließlich wieder still war, ging ich zu dem nicht weit entfernten Anschuss, ich fand ihn auch gleich. Schweißtropfen bedeckten die durchwühlten Ahornblätter, auch auf dem Weg und dasselbe Bild im hohen Holz. Die Sau müsse doch nach den ersten Schritten im Unterwuchs zu finden sein – glaubte ich – doch weit gefehlt! Über dem Mittelweg konnte ich dann auch keine Schweißspritzer mehr entdecken…
Also beendete ich meine Kontrolle, ging zu meiner Behausung zurück und fuhr zum Revierförster in die Sauener Försterei – seinen Rauhaarteckel „Jockel“ wollte ich zur Nachsuche holen. Mit ihm hatte ich schon oft erfolgreich gearbeitet. Als ich die Schweißleine vom Haken hinter der Tür nahm, war Jockel im Bilde. Flugs war er zur Tür hinaus, ich bekam die kurze Leine kaum mehr zu fassen. Noch ehe ich am Auto war, saß er bereits vor der Beifahrertüre. Ich öffnete ihm die Tür, und er sprang auf die Fußmatte. Die Leine geschnappt, die Türen zugeklappt – mich auf meinem Sitz zurecht gerückt – und ab ging es Richtung „Anschuss“.
Dort angekommen die Vorbereitung: die kurze Leine entfernt, den Schweißriemen abgedockt, und es konnte losgehen. Jockel brauchte nur kurz am Anschuss herum zu „buchstabieren“ – schon ging er ab über den festgefahrenen Schnee auf den Weg ins hohe Holz, durch den Unterwuchs und über den Mittelweg. Ab hier lag kein Schweiß mehr bis zum Gatter hinter den Tongruben. Am Zaun nahm ich dem Hund den Schweißriemen ab und ging mit

ihm im Arm, den Schweißriemen zusammen geschlauft, zurück zur nächsten Öffnung im Gatter bis zu der Stelle, bis zu welcher Jockel gesucht und die Wundfährte gehalten hatte.
Dort setzte ich ihn wieder ab, sofort zog er kräftig an. Ich gab ihm etwas Leine und vorbei ging's an den ersten Tannen im Gatter – *Abies homolepis* – sie waren tief verschneit…
Plötzlich ein Ruck – mein Jockel schob sich förmlich hinein in die nächsten niedrigen Tannen. Unter den tief verschneiten, vereisten unteren Ästen hatte sich die Sau eingeschoben und war dort verendet.
Jockel hatte den Frischling fest am Hinterlauf gepackt und wollte nicht ablassen. Erst nach einem energischen „Aus!" konnte ich den strammen Winterfrischling unter der Tanne hervorziehen. Und wieder nahm Jockel die Sau in Besitz. Zum „genossen machen" bekam er außerdem noch den „Finder"-Bruch an die Halsung.
Was für ein erfolgreicher jagdlicher Wintervormittag dank des tüchtigen, jagdfreudigen Rauhaarteckels Jockel!

Begegnungen vor der Grünen Kanzel

Vor den Kosakenbergen am Kunersdorfer Feld führt der Grenzweg eine kleine Strecke entlang und von hier aus der so genannte „Schluchtweg" zum Kleinen Modderbusch. Gegenüber befand sich ein großer Kahlschlag, aufgeforstet mit Kiefern. Am Weg, der den Kahlschlag teilt, liegen ein belassener Kiefernschopf – Stangen- und Altholz… und an dieser Stelle steht die „Grüne Kanzel" – ein Mitjäger hatte sie Anfang der 90er Jahre errichtet.
Der den Kahlschlag teilende Weg war gut einzusehen, ebenso die freien Stellen im Kiefernschopf. Wenn das Wild die Kiefern entlang zog, war es im Jungwuchs gut auszumachen. Gern saß ich dort zum Beobachten an, wenn am Abend das Kahlwild und die Hirsche aus ihren Einständen durch die jungen Kiefern ins Feld und morgens wieder zurück wechselten.
Eines Morgens zur Brunftzeit saß ich hier zusammen mit dem Erbauer der Kanzel an. Mit ein paar Rufen kündigte sich der Hirsch an und kam durch den Jungwuchs heran gezogen. Wir hatten ihn voll im Anblick – eine stattliche Erscheinung – wie er das Haupt mit dem starken Geweih hin und her wog. Ich schätzte ihn auf den 12. Kopf. Meinen mit ansitzenden Jäger hatte bei diesem Anblick die Unruhe erfasst – „Schieß doch endlich!" flüsterte er mir zu. Ich aber zögerte, denn das Brunfttreiben des Platzhirsches im Feld wollte ich gern noch einmal erleben… Doch da entzog sich der Hirsch schon unseren Blicken… Nur noch einmal sah ich ihn im Feld auf größere Entfernung mit dem Kahlwildrudel im Morgennebel. Nie wieder danach bekam ich den Hirsch von der „Grünen Kanzel" aus zu Gesicht…
Ein mir bekannter Jäger aus der Nachbarjagd brachte ihn schließlich zur Strecke. Neidlos gratulierte ich ihm mit einem kräftigen „Weidmanns Heil!"
Eine besondere Begegnung vor der Grünen Kanzel hatte ich eines Morgens im Frühjahr mit Sauen. Bei bereits bestem Licht stand plötzlich – ohne Ankündigung – eine Überläuferrotte auf dem Weg. Nacheinander zogen die Sauen den Weg herauf und herunter und suchten die Grasränder aufmerksam ab. Plötzlich aber stutzten sie und zogen eine nach der anderen in die jungen Kiefern hinein. Den Letzten des Trupps konnte ich gerade noch gut im Zielfernrohr erfassen – im Schuss blieb er mitten auf dem Weg liegen…
Doch der bereits eingewechselte Trupp hatte es nicht eilig – und als einer von ihnen breit und ganz frei stand, fasste ich wieder zu – und er streckte sich im Feuer…
Und kaum zu glauben: da stand der Dritte – schussgerecht – auch er blieb im Feuer! Die beiden übrig Gebliebenen wechselten ein paar Kiefernreihen weiter… sie verhofften…
schienen sich zu orientieren und kamen zurück. Noch einmal konnte ich zufassen – unweit des Dritten lag der Vierte in den Kiefern…
Der Fünfte allerdings erschien mir als der Stärkste, ihn ließ ich unbeschossen laufen und ich wünschte, er möge älter werden und den Rang eines „Hauptschweins" erreichen.
Vier Sauen auf einen Streich! Was für ein erfolgreicher Morgenansitz!

Die weißbunte Bache vom Dunghaufen

Die Feldflächen von der Sauener Sandscholle zu beiden Seiten des Weges zum Schwarzberg waren in jenem Jahr mit Mais bestellt. Kurz vor dem Feldbirnenbaum neben dem Weg auf einer Fläche, wo der Mais nicht aufgegangen war, hatte die Genossenschaft einen Dunghaufen eingerichtet. Er wurde in zeitlichen Abständen beschickt. In einer Senke davor hatte sich eine große Güllelache gebildet die – vermischt mit Regenwasser – im Boden nicht versickerte.
Kam ich dort Anfang August auf dem Weg zu meinem Ansitz hinter dem Schwarzberg vorbei, stiebte manchmal ein Schof Enten auf. Als der Mais Kolben ansetzte, wechselten an der großen Lache die Sauen und durchstöberten die Ränder des Dunghaufens.
Jetzt war für mich die Zeit gekommen, dort anzusitzen. Ich richtete mich auf dem angetrockneten Dunghaufen-Ansitz mäßig ein. Ohne Mondlicht saß ich dort bereits in der Dämmerung an. Bei diesem Ansitz hatte ich eine 16er Doppelflinte mit vierfachem Zielfernrohr – den Drilling führte zur gleichen Zeit ein anderer Jäger.
Als erstes erlebte ich den Enteneinfall. Sie gründelten eine Weile in der Lache umher, stöberten die Ränder ab und strichen dann wieder fort. Doch schon vernahm ich die Sauen durch den Mais anwechseln. Zuerst erschienen die Frischlinge am Maisrand, dann tappte die Bache durch die letzten Maisreihen, sie trat aber nicht ins Freie. Die Frischlinge – bereits kräftige Kerle – verhielten sich dagegen ganz anders – plötzlich standen sie auf dem Weg, wechselten um den Dunghaufen herum… huschten wieder zurück auf den Weg… da langte ich zu! Im Knall lag ein Frischling auf dem Weg – mit einem kräftigen „Wuff!“ blies die Bache die anderen zurück in den Mais…
Doch die kleine Bande rauschte keineswegs flott in den Mais hinein – sie verhofften kurz… traten hin und her… und dann erst verschwanden sie weiter drin im Mais.
Als nun das Büchsenlicht zu schwinden begann, wechselte der kleine Haufen erneut heran… Schon standen die Frischlinge wieder am Wegrand. Die Bache – soviel erkannte ich durch das Glas, war eine Schecke. Im Nu war sie über den Weg, hinein in die Dungbrühe und wieder heraus und zurück in den Mais…
Einen Frischling bekam ich gerade noch ins Zielfernrohr und – raus war der Schuss! Und der zweite Frischling lag auf dem Weg…
Den Aufbruch der beiden 10 kg-Frischlinge postierte ich am Rand des Dunghaufens, so dass er bedeckt war… Meister Rotrock hat diesen „Leckerbissen“ bald in den Fang bekommen.
Einige Tage später saß ich erneut und bei noch gutem Licht auf dem Dunghaufen an. Alsbald erschien die Bache mit ihren beiden noch verbliebenen Frischlingen. Doch ich brauchte noch zwei Ansitze, um beide zu erlegen. Der dritte Ansitz galt der Bache selbst, die nun ohne Frischlinge am Maisrand auftauchte. Dem Alter nach war sie eine dreijährige, gescheckte, starke Bache.
Nach dem Versorgen klangen mir die Worte eines Vertrages von Prof. Dr. Egon Wagenknecht im Ohr: „Wenn man den Bestand der Sauen senken will, heißt das: Bachen schießen – aber die richtigen, die nicht mehr führen!“

Das Maissilo am Ziegeleienberg

Als der große Schlag am so genannten „Ziegeleienberg“ vor der stillgelegten Bahnstrecke „Beeskow – Fürstenwalde“ mit Mais bestellt war, war das für die Schwarzkittel nicht nur zur Milchreife ein Eldorado. Auch im Winter bis zum nächsten Frühjahr war hier ein Schlaraffenland. Denn das Silo wurde direkt am Rand der aufgelassenen Wiese an dem kleinen Waldflecken am Ziegeleienweg am Ortsausgang von Pfaffendorf eingerichtet. Es war stabil abgedichtet. Als die Nutzung begann, wurde an dem einen Ende die Erdschicht entfernt, um an die Silage heran zu kommen. Diese Stelle entdeckten natürlich die Sauen schnell. Zunächst gab es da nicht viel Fraß zu finden, nach der Silageentnahme wurde alles wieder gut „verschlossen“. Aber bald hatten die Sauen den Anstich und nun gab es keine Zurückhaltung mehr. Sie gruben sich in das Silo hinein und feierten „Fettlebe“ – sehr zum Leidwesen der Landwirte. Sie entdeckten die Bescherung, als das nächste Fahrzeug zum Futterholen kam.

Jetzt war ich als Jäger gefragt. Am Rand des kleinen Kiefernholzes setzte ich mich also auf meinem Sitzstock an – ein aussichtsloser „Zeitvertreib“ in der dunklen, mondlosen Zeit. Als der Mond wieder abends am Himmel erschien, hatte ich hier am Silo meinen Daueransitzplatz…

Fast täglich kamen die Bachen mit ihren schon strammen Frischlingen und Überläufern, aber auch einzelne Stücke, junge Keiler und Bachen.

Kamen die Sauen von weither, also aus dem Sauener Wald, hörte ich sie meist, wenn sie das Gleisbett der alten Bahnstrecke überquerten und dann die Böschung herauf wechselten – da klapperten die Gleisbettsteine. Dann wusste ich: gleich kann ich sie in Empfang nehmen.

Passte der Wind, saß ich direkt auf dem Silo an.

In dieser Zeit kam schließlich eine ansehnliche Strecke auf mein Konto.

Selbst als der Vorrat im Silo aufgebraucht war – Silagereste lagen noch verstreut herum – kontrollierten die Sauen diesen Platz immer wieder – meist in stockdunklen Nächten.

Mitjäger, denen ich diesen Platz wärmstens empfahl, saßen einmal an. Doch wenn sich die Sauen selbst bei Mondlicht nicht gleich blicken ließen, gaben sie das Hocken am Silo auf.

Mir überließen sie gern das Abfährten, um heraus zu finden, ob Sauenbesuche wieder statt finden würden und die Mondscheinansitze auch Erfolge versprachen…

Die Sauen vom Drosselgraben

Der Drosselgraben an der Drosselhecke – ein Graben- und Heckenstück – zieht sich von der südlichen Sauener Grenzhecke ein Stück ins Feld hinauf zur Eichenallee an der Pfaffendorfer Straße. Dort wo Drosselhecke und Graben an die Grenzhecke stoßen, befand sich in jenem Jahr eine große Lehmlache. Diese musste bei der Bestellung des Ackerstückes ausgespart werden. Gegenüber im Raps steckten die Sauen und hatten die Lache als ihre Suhle auserkoren. Ich aber hatte mir einen Bodenansitz – etwa zwanzig Schritte vor der ins Feld auslaufenden Hecke hergerichtet – wo ich bequem mehrere Stunden sitzen konnte.
Bereits mein erster Abendansitz bescherte mir Anblick: eine Bache aalte sich mit ihren Frischlingen in dem weichen Lehmbrei. Nach ausgiebigem Lehmbad zog der ganze Trupp entlang der Hecke davon und verschwand.
Bei dem warmen Frühsommerwetter hatte ich eigentlich mit zeitigem Anwechseln von Überläufern gerechnet – doch die blieben aus. Bis zum letzten Büchsenlicht vernahm ich – vorerst – kein Rumoren anwechselnder Sauen.
Doch am folgenden Abend saß ich dort wieder an; die Sonne hatte sich bereits verabschiedet. Da „knasterte“ es in der Hecke… Das konnten nur die Sauen sein. Aus dem Raps wechselten sie in die Hecke und konnten nun jeden Augenblick am Morastloch erscheinen… Und so war es – mehrere Überläufer, Bachen und Frischlinge tapsten munter im Lehmbrei herum…
Schließlich stand ein Überläufer am Rand der Lehmlache breit – ich hatte das Blatt im Zielfernrohr fest und riss den Züngel durch… an der Hecke streckte sich der Bursche zur Seite. Es folgte ein Aufspritzen von Wasser – ein Forthasten von Klein und Groß – und alle verschwanden durch die Hecke im Raps.
Doch bald zog es die Überläufer erneut zur kühlen Lehmlache. Wieder verließen die Sauen den Raps…wieder knasterte es entlang der Hecke – am Fuß des Drosselgrabens traten sie ins Freie… Vier Überläufer zählte ich, die an die Lehmlache heran traten – der letzte stand breit – ihn fasste die Kugel… Die anderen spritzten durch die Wasserlache, dann durch die Grenzhecke hindurch und verschwanden im Raps.
An jenem Abend lagen zwei Frühsommer-Überläufer auf der Schwarte.
Diese Stelle – die Lehmlache – blieb, bis der Raps gemäht war, ein gern und häufig aufgesuchter Tummelplatz für die Sauen. Ich saß oft dort an, abends und nachts bei Mondlicht und hatte meistens Anblick und „Weidmannsheil“. Mehrere Frischlinge und zwei Überläuferbachen brachte ich im Laufe jenes Sommers hier zur Strecke…

Hans-Dieter Willkomm empfiehlt:

Autor:
Dr. Hans-Dieter Willkomm
Illustriert von Werner Schmidt, UP Schwarz und Karl Hellmut Snethlage
Format: 12,5 x 19,5 cm
Umfang: 164 Seiten
Abb: 60 Zeichnungen
Gewicht: 260 g, Preis: 9,95 €

<u>Rückklappentext:</u>

Es ist ein alter und schöner Brauch – die Pflege der traditionsreichen Sprache der Jäger. Der interessierte Leser erfährt etwas über ihren sprachgeschichtlichen Weg, sowie die Verbindung von fachlicher Aussage und ihrer Wortgeschichte.
Sie vermittelt aufschlussreiche jagd- und sprachgeschichtliche Entwicklungsabläufe und Zusammenhänge.
Sie ist geradezu geschaffen, fördernd auf die bewusste Anwendung des schönsten Teils unseres jagdlichen Brauchtums – der Weidmannssprache – zu wirken. Denn je mehr Wissen mit einer Sache verbunden ist, desto liebevoller und verantwortungsbewusster ist ihre Pflege, und umso schöner ist der Umgang mit ihr.
Der Leser findet in diesem Buch u. a. wie das Wild „anzusprechen“ ist, z.B. warum man zu einer Entenfamilie „Schof“ sagt. Wussten Sie auch, dass die älteste und bis in die Neuzeit übliche Bezeichnung für den Kopfschmuck des Rothirsches „Gehörn“ ist? Und wie hat sich der Bedeutungswandel von „Gehörn“ zu „Geweih“ vollzogen?
Und auch das findet der Leser bei den „synonymen Begriffen“: Worin besteht der feine Unterschied zwischen „fegen“ und „schlagen“?
Stecken sie „Die Weidmannssprache“ einfach in Ihren Rucksack oder in die Jagdtasche!

<u>Zum Autor:</u>

Dr. Hans-Dieter Willkomm (* 1941).
Bis 1980 Dozent an der Humbold Universität, Berlin.
1980 - 1995 freier Jagdjournalist.
1995 - 2008 Chefredakteur der Jagdzeitschrift „Unsere Jagd“.
Veröffentlichungen:

- Pirschen auf Schalenwild. Für die Jagdpraxis. Berlin: VEB Deutscher Landwirtschaftsverlag, 1984.
- Die Weidmannssprache. Begriffe, Wendungen und Bedeutungswandel des weidmännischen Sprachgutes. Berlin: VEB Deutscher Landwirtschaftsverlag, 1986
- (Hrsg.): Des edlen Weydmanns Geheimes Jäger-Cabinet darinnen die nöthigsten Wissenschaften, so zur Jägerey gehörig nebst Siebenzig geheimen und bishero meist verborgen gewesenen Jäger-Künsten enthalten. Berlin: VEB Deutscher Landwirtschaftsverlag 1990 (= Faksimile der Ausgabe von 1755, Erste Ausgabe)
- Die Weidmannssprache. Begriffe, Wendungen und Bedeutungswandel des weidmännischen Sprachgutes. Berlin: Deutscher Landwirtschaftsverlag, 1990, 2. Aufl. 2000
- Ein Jägerjahr. Geschichten und Gedanken. Hannover: Landbuch Verlag 1992
- Gesellschaftsjagd auf Hochwild und Niederwild. Berlin: Deutscher Landwirtschaftsverlag, 1995
- Ein Jägerjahr. Geschichten und Gedanken. München: BLV, 2001
- Ansitz und Pirsch auf Schalenwild. Melsungen: Neumann-Neudamm, 2002
- Schatz, Manfred: Augenblicke der Bewegung. Die neue Epoche der Wildtiermalerei. München: BLV, 2002
- Von rot bis schwarz. Jagderzählungen. München: BLV, 2009

Jagdschlösser im Osten Deutschlands – Ein Reiseführer

Format: 17 x 24 cm, Softcover
156 Seiten,
202 Abbildungen,
ISBN: 978-3-946324-33-1
Preis: 17,50 €

Das Buch soll eine Einladung an die Jägerfamilien und die Liebhaber der Jagdkultur sein, sich mit der Jagdgeschichte unserer Altvorderen vertraut zu machen. Bei der Lektüre werden sie erfahren, dass unsere heutigen Jagdtechniken ihre Wurzeln in der feudalen Jagd haben. Mit unserem heutigen Wissen und unseren Erfahrungen stehen wir auf den Schultern unserer Altvorderen. Das betrifft auch unsere Einstellung zur Jagd und ihrer Technik.

Diesbezüglich haben die hier vorgestellten 39 heute noch erhaltenen Jagdschlösser und alten Jagdanlagen im Osten Deutschlands uns heutigen Jägern, den Jagdliebhabern und dem jagdlichen Nachwuchs viel mitzuteilen. Landschaftliche Schönheit zeichnet die Landschaften aus, in die die Jagdschlösser eingebettet sind. Denn es war Aufgabe der Bauleute, das Umfeld der Schlösser in einen repräsentativen Jagdaufenthalt zu verwandeln. Die so geschaffenen Landschaftsensembles sind von einmaliger Harmonie und Schönheit. Insofern hinterließ das Jagen in den Ländereien der Landesfürsten auch eine kulturhistorische Spur.

Interessant ist z.B. zu erfahren, was der Anlass der Dreikönigsjagd auf der Burg Falkenstein im Selketal war.

Ein prunkvoller Barockbau ist das romantische Jagdschloss Moritzburg. Es beeindruckt die heutigen Besucher mit einer repräsentativen Geweihsammlung und einer nachgestalteten Festtafel in diesem stattlichen Schloss.

So offenbaren alle Schlossbauten den Schönheitssinn der Erbauer, und noch heute genießen wir den Anblick der leuchtenden Fassaden. Die Schlösser waren aber auch Orte geistigen Austausches. Dem Besucher vermitteln sie viele niveauvolle Erlebnisse, in denen sich Freude, Bildung und Erkenntnisse vereinen. Auf diese Weise erfährt er an den Präsentationen alter Jagdarten, dass sie die Grundlage unserer heutigen jagdethischen Anschauung sind.

Die 39 beschriebenen historischen Anlagen:

Sachsen: Jagdschloss Moritzburg, Fasanenschlösschen, Die Königliche Jagdresidenz Hubertusburg in Wermsdorf, Jagdschloss Augustusburg, Die Schlösser Weesenstein, Lauenstein und Kuckuckstein im Osterzgebirge, Jagdschloss Grillenburg im Tharandter Wald, Jagdschloss Rehefeld im Osterzgebirge, Barockschloss Rammenau, einst Landsitz des Lausitzer Adels, Schloss Seußlitz im gleichnamigen Ort bei Meißen, Jagdhaus Kössern im Muldental, Das Lust- und Berghaus Hoflößnitz, Jagdschloss Graupa, Die Saugärten der Dresdner Heide, Das „Alte Zeughaus", Die Hohen Brücken, Der Jägerhof Dresden, Die Hubertuskapelle im Dittersbacher Lieblingstal,

Brandenburg/Berlin: Jagdschloss Königswusterhausen, Jagdschloss Grunewald, Schloss Ragow, Jagdschloss Groß Schönebeck, Jagdschloss Hubertusstock, Jagdschloss „Stern" in Potsdam , Jägertor in Potsdam, Denkmal für den großen Moritzburger – den 66-Ender, Streckelegen vor historischer Kulisse – Oberförsterei Hammer,

Thüringen: Jagdanlage Rieseneck, Jagdschloss Fröhliche Wiederkehr, Jagdschloss Waidmannsheil, Jagdschloss Hummelshain, Burgk an der Saale, Jagdhaus Gabelbach & Goethehäuschen auf dem Kickelhahn,

Mecklenburg-Vorpommern: Jagdschloss Friedrichsmoor, Jagdschloss Granitz, Jagdschloss Gelbensande, Born auf dem Darß, Schloss Güstrow

Sachsen Anhalt: Burg Falkenstein, Jagdschloss Letzlingen,